QUESTION D'HYGIÈNE ET D'AGRICULTURE

DE L'AUGMENTATION

DES SUBSISTANCES

PAR LA

CONSERVATION DES ENGRAIS PERDUS

OBSERVATIONS

SOUMISES

AU GOUVERNEMENT, AUX FINANCIERS

ET AUX AGRICULTEURS,

PAR

F. DELBREIL

« ..... Les questions d'engrais, si modestes en apparence qu'on les dédaigne quelquefois, touchent aux intérêts les plus graves de la société. »

BOBIERRE.

PARIS
MAILLET, ÉDITEUR, RUE TRONCHET, 15.

1868

DE L'AUGMENTATION

DES SUBSISTANCES

PAR LA

CONSERVATION DES ENGRAIS PERDUS

« ..... Les questions d'engrais, si modestes en apparence qu'on les dédaigne quelquefois, touchent aux intérêts les plus graves de la société.

BOBIERRE.

Après le soin de l'honneur national et la protection de la morale publique, vient en première ligne, dans un pays, la sollicitude touchant le bien-être du peuple. Cette préoccupation est d'autant plus grande dans les moments de crise où la rareté et la cherté des subsistances, en amenant de grandes souffrances, peuvent produire de grandes perturbations.

Alors sous le coup du mal, on songe aux remèdes.

Dans un rapport officiel adressé au ministre de l'agriculture, dans le cours de 1866, nous lisons ces lignes, exprimant des aspirations qui ne devraient jamais être perdues de vue :

Les besoins qui avaient donné naissance aux institutions de crédit des divers États de l'Europe, se firent particulièrement sentir, en France, en 1856, ANNÉE DE DISETTE. Les chambres et les comices agricoles, les conseils généraux et les conseils d'arrondissement, consultés par le gouvernement, s'accordèrent à signaler, comme l'une des causes du *défaut de production agricole*, l'absence d'un capital ou d'un crédit suffisant pour permettre aux cultivateurs de se procurer *les engrais nécessaires au renouvellement de la puissance fertilisante du sol* et les bestiaux qu'exigeait l'étendue des exploitations rurales.....

(*Rapport au ministre de l'agriculture, par M. Josseau.*)

La disette menace, on réfléchit, on consulte et on voit que le sol ne produit pas, parce que, par des causes diverses, on le laisse s'épuiser, sans lui rendre, comme il convient, les richesses fertilisantes que des récoltes précédentes ont absorbées.

Les savants et les hommes pratiques ont assez élucidé cette grande question de la restitution au sol des éléments de la production, pour qu'il soit inutile de renouveler des démonstrations qui sont dans l'esprit de tous les hommes sérieux. L'enquête sur les engrais, l'enquête agricole ont surtout mis en lumière ces vérités capitales.

La nouvelle crise des subsistances qui afflige l'année 1867 ne doit pas faire rechercher uniquement des remèdes passagers. L'occasion est bonne pour songer à des moyens plus efficaces, en utilisant des ressources qui soient permanentes, s'il se peut, et placent la nation à l'abri des dangers à venir.

Mettre à la disposition de l'agriculture le *maximum* d'engrais dont peut disposer le pays, avant de recourir aux engrais exotiques qui entraînent l'exportation de notre numéraire, c'est lui rendre un service inappréciable, et empêcher les disettes futures puisque l'épuisement du sol est reconnu comme la principale cause de ces disettes.

Pour en arriver là, et qui oserait dire que ce résultat n'est pas digne des méditations de tous, il est d'une simplicité banale que le pays doit commencer par ne pas perdre les engrais qu'il a, qu'il possède, qu'on peut recueillir tous les jours.

Dans un travail remarquable d'un agronome qui a fait ses preuves, M. le comte de Couëdic, travail intitulé : *Manière d'utiliser les eaux et les engrais perdus, en agriculture*, nous avons été frappés de cette maxime dont l'application généralisée ne serait rien moins que la régénération agricole : « Ne perdre ni une goutte d'eau, ni un centimètre de pente, ni UN ATOME D'ENGRAIS. »

Une notable portion de la fortune publique se trouve dans les *engrais perdus*. Ce sont des millions qui valent la peine d'être ramassés.

Dans un écrit publié il y a quelques années, nous avons placé cette vérité sous la protection des citations les plus autorisées. On peut lire toutes ces preuves frappantes dans le *Problème de la conservation de la vie*, que deux conseils généraux du Midi ont honoré de leur approbation, dans la session de 1863.

Depuis cette publication, des voix considérables ont renouvelé les plaintes et les avertissements, principalement à l'occasion de l'enquête sur les engrais, où les regrets et les réclamations ne se sont pas seulement fait entendre sur les fraudes dont les engrais sont l'objet, mais aussi sur la déperdition fatale qui en réduit la quantité dans des proportions effrayantes.

Lisez le passage suivant de l'illustre chimiste, M. Dumas, parlant au nom de la commission d'enquête, avec toute l'autorité de sa science et de sa grande position :

Mais ce sont surtout les vidanges, les immondices et boues des villes, les eaux d'égouts, qui constituent des matériaux propres à améliorer les engrais ou à leur servir d'auxiliaires.

A mesure que l'industrie appelle au sein des villes, c'est-à-dire auprès des machines motrices, des institutions de crédit et des maisons de commerce, les populations ouvrières, dont l'intelligence ou la force lui est indispensable, on voit augmenter l'importance de ces résidus des villes, en même temps que les campagnes délaissées réclament plus vivement les engrais qui leur font défaut.

Les lois de la nature ne sont pas impunément violées; ce n'est pas sans danger qu'un point circonscrit du pays concentre une portion de la population qui devrait être répartie sur une grande étendue du territoire, qu'il attire les récoltes et qu'il dissipe ces résidus, que l'agriculture aurait mis spontanément en œuvre, si cette population fut demeurée disséminée. *La conséquence logique de la création des villes, c'est l'obligation de ramener aux campagnes, par un mouvement prévu et régulier, la totalité des engrais que fournissent ces agglomérations urbaines, ou de les remplacer.* Un illustre savant étranger, à qui l'agriculture doit une partie de sa nouvelle impulsion, après avoir montré l'Angleterre parcourant le monde, enlevant partout, au profit de ses domaines et de la nourriture de ses habitants, les os, le guano, les tourteaux, les blés, les bestiaux, les racines, les fruits, et rejetant dédaigneusement les immondices de ses villes dans la mer, s'est élevé contre ce système barbare et égoïste, auquel, dans l'excès de son indignation, il a infligé l'épithète de système d'agriculture vampire ou de rapine.

Toutes les cités qui versent dans les fleuves les produits qu'elles devraient recueillir pour les besoins de l'agriculture pourraient exciter le même sentiment. Elles absorbent de plus en plus et restituent de moins en moins. A mesure, en effet, que leur édilité se perfectionne et qu'elle devient plus soigneuse des nécessités de l'hygiène, elle se hâte davantage de noyer et d'éloigner tout ce qui offusque la délicatesse des habitants, offense leurs sens ou inquiète sa prudence. Le premier devoir des édiles consisterait, en effet, non à utiliser, mais à supprimer, pour ainsi dire, tous ces débris, tous ces restes qui sont une des richesses du laboureur!

C'est cette imprévoyance qu'il importe de corriger. Le moment est décisif : les villes augmentent en nombre et en population ; beaucoup d'entre elles se transforment. Qu'on laisse leur nouvelle assiette s'organiser sur les traditions du système égoïste, elles auront réglé leur propre hygiène, sans doute, mais n'auront-elles pas oublié les intérêts des populations à venir? Quand il faudra transformer leur canalisation pour recueillir ces matières premières de l'agriculture qu'elles auront dédaignées, ne sera-t-il pas trop tard, et ne se trouvera-t-on pas en présence de nouveaux travaux et de dépenses immenses, devant lesquels on devra hésite toujours et reculer souvent ?

Londres et Paris ont été le théâtre des mêmes difficultés et des mêmes luttes. L'exemple donné par ces deux grands foyers de la civilisation moderne ne doit pas être perdu. Si, après une longue lutte entre ceux qui ne songeaient qu'à débarrasser ces villes de leurs immondices, et ceux qui songeaient surtout à en tirer parti pour l'agriculture, ces derniers l'ont emporté, c'est que les progrès de la science et de l'heureuse impulsion donnée aux travaux de la terre ont fini par avoir raison des procédés trop sommaires qu'auraient préféré, peut-être, les préposés au nettoiement de ces cités. On ne veut plus corrompre les rivières pour assainir l'air.

Du reste, toute agglomération urbaine considère d'abord le cours d'eau sur lequel elle s'est établie comme un égout. Elle ne renonce à cette opinion qu'au moment où l'infection de la vase la met en péril, ce qui arrive tard, si le cours est rapide, plus tôt, s'il est lent. C'est ainsi que les eaux de Lille, presque en repos, étant promptement devenues des foyers dangereux, les habitants se sont interdit depuis longtemps d'y laisser couler les vidanges et sont parvenus à trouver à celles-ci, pour en débarrasser la ville, un emploi agricole régulier, qui a fait la fortune de la contrée.

Lorsque la loi sur la répression des fraudes dans la vente des engrais est venue au Sénat, le même M. Dumas, dans le rapport dont il a encore été chargé, comme membre de la haute assemblée, a dit, dans la séance du 22 juillet 1867 :

..... C'est surtout dans l'emploi des vidanges des villes que l'agriculture fonde ses espérances. C'est là que se concentrent, en effet, par un phénomène de la plus merveilleuse clarté et par une pondération providentielle, toutes les matières terreuses empruntées au sol par les plantes ou reprises par les animaux herbivores. L'azote assimilable est dans le même cas.

Une ville qui rendrait à l'agriculture toutes ses immondices, restitue-

rait chaque année au sol les éléments réparateurs nécessaires aux plantes pour la reproduction des aliments de tous ses habitants.

Le développement du commerce des engrais artificiels peut seul assurer le bon et exact emploi de ces matières aujourd'hui si mal appréciées encore; elles en forment la base, et la loi qui nous occupe n'aura pas seulement pour résultat d'améliorer le sort des campagnes, elle aura pour effet certain aussi de rendre la police des villes plus attentive, plus efficace, et les moyens d'alimentation de ses habitants plus réguliers.

Car, si toute agriculture qui ne reconstitue pas le sol est dévastatrice, toute population urbaine qui laisse perdre ses immondices prépare son suicide.

Messieurs les sénateurs, la loi qui nous occupe intéresse les transactions d'un commerce immense, car la France consomme annuellement pour plus de 500 millions d'engrais artificiels, et cette consommation est destinée à s'accroître dans de larges proportions. Elle prépare une exploitation plus large des phosphates minéraux naturels et une meilleure organisation de l'hygiène des villes en facilitant l'exploitation et l'emploi agricole de leurs vidanges et de leurs immondices. A tous ces titres, elle constitue un nouveau et grand service rendu par le gouvernement de l'Empereur à l'agriculture française.

Nous pourrions multiplier les citations, en reproduisant l'avis des hommes les plus compétents, dans la théorie et la pratique; mais nous partons de ce point que toutes ces vérités sont désormais hors de contestation, et que ce qui reste uniquement à faire, c'est d'entrer dans la voie d'une large application que l'expérience encourage pleinement, comme l'on peut s'en convaincre en reportant ses yeux vers les contrées où les habitants des villes et les agriculteurs voisins ont su comprendre la valeur des engrais et en tirer parti.

Assurer à la fois la salubrité dans les villes et la fécondité des campagnes, voilà ce que réclament depuis longtemps des voix qu'on écouterait avec déférence et docilité, bien certainement, s'il ne s'agissait pas d'une de ces choses vulgaires, infimes, dont on s'occupe avec dédain, sans doute parce qu'on les foule journellement sous les pieds.

Avec un grand poëte, nous ne pouvons que dire à ces gens dédaigneux qui ne méprisent que parce qu'ils ne savent pas, ou s'ils savent, parce qu'ils ne réfléchissent pas :

> Ces tas d'ordures du coin des bornes, ces tombereaux de boue cahotés la nuit dans les rues, ces affreux tonneaux de la voirie, ces fétides écoulements de fange souterraine que le pavé vous cache, savez-vous ce que c'est ? C'est de la prairie en fleur, c'est de l'herbe verte, c'est du serpolet et du thym et de la sauge, c'est du gibier, c'est du bétail, c'est le mugissement satisfait des grands bœufs, le soir, c'est du foin parfumé, c'est du blé doré, c'est du pain sur votre table, c'est du sang chaud dans vos veines, c'est de la santé, c'est de la joie, c'est de la vie. Ainsi le veut cette création mystérieuse qui est la transformation sur la terre et la transfiguration dans le ciel.
>
> Victor Hugo, *les Misérables*.

Dans un langage tout prosaïque, bien qu'également vrai, nous ajouterons : les engrais conservés, c'est la récolte abondante, l'alimentation publique assurée et à bon marché, la disette impossible !!!

Sur ce but grandiose, nous appelons l'attention des administrateurs de la fortune publique et de ces autres personnages qui jouent dans la société un rôle presque aussi important que les hommes d'état, ceux qu'on appelle les financiers, ceux qui donnent l'impulsion au mouvement qui entraîne les fortunes privées vers la prospérité ou la ruine. — Les aventures que ces derniers ont fait courir au pays, la détresse, les inquiétudes où ils l'ont plongé, ne leur imposent-elles pas le devoir de rompre enfin avec leurs habitudes de spéculation pure, pour se tourner vers des opérations moins dangereuses et plus productives? Du reste ils doivent comprendre que le public demande une modification des allures anciennes, désormais usées, sous peine de retirer absolument sa confiance déjà très-refroidie.

L'année 1867 n'aura pas été seulement une année malheureuse par la rareté et la cherté des subsistances. Le mal s'est aggravé par l'atonie des affaires. Les industries et le commerce semblent paralysés sous l'empire d'on ne sait quelle crainte qui retient les capitaux et les empêche de circuler pour vivifier le pays.

La situation politique est-elle la cause, ou si l'on veut la seule et la principale cause de cet état de choses ? C'est discutable.— Mais la nature de cet écrit ne nous permet pas de toucher à cette délicate question.

Restons en dehors de la politique.

La vie financière, la vie des affaires est atteinte par des vices qui lui sont propres et qui n'ont avec la politique que des rapports éloignés. Les abus de l'agiotage, les catastrophes et les scandales qui ont été la suite de ces abus ont troublé la confiance et égaré les activités. Les capitaux se sont longtemps jetés à la bourse ou dans les affaires de nature à y figurer, avec des primes, le jeu et la prime étant devenus un moyen commode et rapide de faire fortune. Des hommes dont l'activité et l'intelligence auraient pu aborder des travaux sérieux et productifs, surtout avec la disposition de quelques capitaux, se sont énervés dans cette atmosphère brûlante du jeu, passion qui marche rarement seule et dont la compagne habituelle est le plaisir. La bourse devenue le tapis vert sur lequel seul sont venues s'étaler librement toutes les questions politiques et économiques, les conversations du jeu ont été alimentées par des appréciations et des discussions qui n'eussent pas été tolérées ailleurs. La hausse et la baisse ont été le scrutin de ce forum politico-financier sans cesse en proie aux agitations et à la fièvre d'une cupidité aveugle. Toutes les affaires ont été uniquement pesées dans les balances de la bourse. Seul régulateur, elle imposait ses caprices empreints de cette fausseté d'appréciation qui fait voir les choses, non comme elles sont, mais comme elles paraissent, non en vue de l'avenir, mais en vue de l'heure actuelle et égoïste. Le mal s'est accru de l'étendue qu'a prise la vie de spéculation, jadis concentrée à Paris, mais pouvant se développer, de nos jours, jusque dans le fond des provinces et à l'étranger, grâce aux facilités télégraphiques.

Tout mouvement contre nature appelle une réaction.

L'heure de cette réaction a sonné. La bourse et les hommes de bourse ont perdu de leur prestige, grâce aux sévères leçons qui ont jeté la perturbation et l'effroi dans beaucoup de familles.

La vie de spéculation usée par ses excès, les forces vives du pays se recueillent et montrent une méfiance véritablement légitime.

Toutefois comme l'immobilité est la mort et qu'une nation ne saurait vivre en se croisant les bras; que le milliard déposé dans les caves de la banque de France finirait par devenir un bijou inutile, s'il n'en sortait jamais, la réserve, le calme, l'atonie des affaires doivent avoir leur terme.

Une rénovation hautement proclamée dans la nature des affaires hâterait certainement le réveil.

Or à quelles œuvres nouvelles meilleures convier le pays et ceux qui le dirigent, que de les appeler à des œuvres de production matérielle, agricole, à l'heure surtout où les besoins se dressent impérieux, presque menaçants, attestant la nécessité de prendre des mesures pour que le sol augmente le rendement de ses fruits, afin que tous ceux qui le foulent puissent aspirer à en avoir leur juste part.

Il serait injuste de condamner absolument le règne de spéculation et d'agiotage que nous venons de traverser, et de nier qu'il ait produit aucun avantage. La sagesse providentielle sait tirer le bien même du mal. A côté de beaucoup de ruines, il reste des avantages réels dont la société peut et doit profiter. En quelques années, les travaux publics ont reçu un développement gigantesque que des habitudes financières plus modérées dans leurs allures auraient été impuissantes probablement à nous faire atteindre. Les chemins de fer, les mines, l'industrie métallurgique, ont disposé, pour les besoins présents et futurs, un vaste outillage qui, s'il n'est pas complet, permet cependant de suffire aux besoins principaux de l'agriculture même développée et devenue industrielle, et, comme l'on dit, extensive.

L'enfant prodigue, vaincu par la misère et revenu de ses égarements, rejoignit le domaine paternel et y retrouva le calme et la prospérité. Revenons, nous aussi, à cette terre féconde, si méconnue, qui a des mamelles assez riches pour nourrir abondamment tous ses enfants épuisés par les labeurs stériles de la spéculation et du luxe.

Le sol national occupe 54 millions d'hectares, dont deux millions seulement sont absolument impropres à toute culture, par leur nature ou leur destination, les fleuves, les routes, etc.

Sur les 52 millions restant, 30 millions seulement sont occupés en terres de labour, jardins, vergers et vignes ; 22 millions produisent des fruits naturels et spontanés, comme les bois et forêts, les prairies naturelles, les landes et les bruyères. Une portion des terrains de cette classe serait rebelle à tout travail ; mais il est reconnu que quarante-cinq millions d'hectares, c'est-à-dire les cinq sixièmes du sol, peuvent être susceptibles d'une production variée.

Bien des contrées nous envient la richesse de notre sol. N'est-il pas honteux que nous ne sachions pas en tirer parti, de manière au moins à nous passer de recourir aux autres pays, lorsque le nôtre est assez fécond pour se suffire largement, s'il met fin à sa coupable négligence ?

Ainsi que nous l'avons signalé au début de ce travail, on y pense lorsque l'aiguillon du besoin nous presse.

Lors de la dernière crise alimentaire qui s'est terminée en 1857, dit M. Moll, la pensée générale qui dominait était l'utilisation de toutes les matières propres à la fertilisation du sol.

Il est déplorable, avait-on dit en haut lieu, que la France qui ne produit pas sa subsistance, qui importe jusqu'à des engrais du dehors, laisse perdre tant de matières fertilisantes, dont elle pourrait disposer, et notamment la plus riche, la plus précieuse de toutes : l'engrais humain.

En effet nulle question ne se rattache plus directement aux grands intérêts du pays.

M. Bobierre a fait toucher du doigt, par des chiffres éloquents, les rapports intimes qui relient la question des subsistances et celle des engrais.

Il manque, en France, dit-il, du blé pour huit jours. Si nous prenions l'année la plus défavorable, celle de 1832, où il fallut recourir au sol étranger pour 19 jours 23 centièmes, on voit qu'en utilisant toutes les matières fécales, nous aurions toujours une surabondance de blé.

Si on admettait seulement un boni de 20 % sur les engrais produits en

France, nous pourrions exporter 900 millions de kilogrammes de blé par an, ayant une valeur de 234 millions de francs.

Avec le trop modeste chiffre de 10 %, nous pourrions livrer aux nations étrangères 378 millions de kilogrammes de blé, valant 98,280,000 francs.

Or, en moyenne, nous importons en France 144 millions de kilogrammes de blé, qui coûtent à la nation française 47,520,000 francs.

Il est donc bien vrai de dire que les questions d'engrais, si modestes en apparence qu'on les dédaigne quelquefois, touchent aux intérêts les plus graves de la société.

Accumuler des citations dans ce sens serait bien aisé.

Le difficile n'est pas de démontrer une vérité claire comme le jour, pour quiconque veut l'examiner un peu. C'est de faire apprécier cette vérité, d'empêcher qu'une multitude d'autres questions, d'autres affaires, d'une importance infiniment moindre, absorbent l'attention de l'opinion publique, de l'administration, des gens de finance et des agriculteurs eux-mêmes. Chaque jour nous entraîne dans un tourbillon de préoccupations plus ou moins passionnées, dans la politique, dans les séductions du luxe et de la vanité, dans l'ivresse des plaisirs, et l'affaire vraiment capitale reste en arrière, ne faisant aucun progrès, à une époque qui se pique de réaliser tous les progrès.

Assurément nous ne pouvions nous flatter de dire des choses nouvelles sur un semblable sujet; mais nous avons voulu mettre à profit la crise qui inquiète tout le monde, pour faire appel à la sagesse et à la réflexion. Réussirons-nous ?

La valeur des engrais perdus des villes, représente, d'après les calculs les plus autorisés, un demi-milliard de francs.

A ces engrais il faut ajouter beaucoup d'autres engrais naturels peu utilisés encore, et dont la valeur est inappréciable, comme les phosphates fossiles récemment découverts, les tourbes, les végétations marines, les limons, etc.

En réunissant tous ces engrais, les mélangeant, en rapport avec chaque culture en vue, la production agricole peut être augmentée dans une mesure qu'on trouverait exagérée, si nous parlions de la doubler, et cependant nous serions bien au-dessous de la vérité. — L'explication est simple. — Il est maintenant reconnu qu'une terre qui rapporte difficilement 3 pour cent, par ce qu'on doit appeler la culture négligée, peut en rapporter jusqu'à 10 et 15, par la culture extensive, c'est-à-dire avec une large application d'engrais. Un agriculteur en renom, M. de Veauce, a chiffré cette proposition générale de cette façon, dans un discours du 8 mars 1866 : « Dans le prix de revient du blé, savez-vous pour combien entrent les engrais? Ils y entrent pour 5 francs par chaque hectolitre produit. Si vous pouviez ajouter à votre culture 74 francs d'engrais, par hectare de froment, ou la représentation de 15 hectolitres, vous récolteriez 30 hectolitres au lieu de 15, sans que les autres frais fussent augmentés. » Le prix de revient descend en raison de l'augmentation des engrais employés.

Les 30 millions d'hectares livrés à la culture demanderaient par an 3 milliards de quintaux métriques d'engrais ; et avec ses ressources propres, elle n'en produit pas 1 milliard, d'où un déficit de 2 milliards, représentant la fumure des deux tiers du sol cultivé.

Réunissez le sol cultivé, insuffisamment engraissé, et le sol cultivable, et demandez-vous si la conservation et l'emploi des engrais perdus peuvent ou non amener un énorme accroissement de la production agricole.

Parmi toutes les questions économiques, y en a-t-il une seule qui ait l'importance de celle-là ?

Et cependant, à part quelques tentatives isolées et presque impuissantes, que fait-on, en France, pour mettre fin au gaspillage de nos engrais naturels ?

Comparée à l'agriculture anglaise, l'agriculture française est arriérée. La disette des engrais, au milieu des engrais qui se perdent, est une des principales causes de son retard.

La science l'a proclamé. Mais ses voix se perdent, à travers l'insouciance générale.

L'industrie, elle, met soigneusement à profit les leçons et les découvertes de la science. L'agriculteur bouche ses oreilles. Les découvertes ne lui servent à rien ou lui servent bien peu.

C'est ce que M. Dumas, déjà cité, a constaté dans la séance du Sénat du 22 juillet, en appuyant son affirmation de l'opinion de M. Liébig. Ces deux personnages, se communiquant leurs renseignements et leurs impressions, sont arrivés à cette conclusion que : « pour les emprunts qu'elle fait à la science, pour la confiance qu'elle accorde à sa méthode, l'agriculture est en arrière d'un quart de siècle sur l'industrie. »

Qu'y a-t-il à faire ?

Dans ce qu'il y a à faire, l'administration a sa part, les financiers ont la leur, l'agriculture enfin a la sienne.

L'administration a sa part.

Nous ne sommes pas de ceux qui, négligeant l'initiative privée, attendent tout de l'administration, et en cas de souffrance, rejettent tout sur elle. Rien de plus contraire à la liberté et au progrès.

Toutefois, dans la grande question qui nous occupe, l'administration a un rôle. Elle tient dans sa main la majeure partie de ces engrais perdus dont la conservation intéresse si fort la fortune publique.

Dans notre travail de 1862, nous demandions :

« 1° Que les matières fécales et les immondices des villes ne se perdent plus ; qu'on ne les jette plus dans les ruisseaux, dans les égouts et à la mer ;

« 2° Que ces matières soient ramassées et livrées à l'agriculture par les moyens les plus économiques et les plus convenables pour la salubrité ;

« 3° Que l'industrie de la vidange et le commerce des engrais naturels reçoive aide et protection contre les fraudes qui les compromettent, et qu'à cet effet, de sages règlements soient établis ;

« 4° Que le transport des matières fertilisantes de toute espèces oit encouragé et facilité par des réductions de tarifs et de droits, tant sur les chemins de fer qu'au moyen de la navigation ;

« 5° Que toutes les autorités compétentes soient invitées à régler leurs actes et leur conduite, d'après ces principes ;

« 6° Que les populations soient éclairées sur ce qu'il faut penser de toutes ces grandes questions, tant au point de vue de la salubrité qu'au point de vue des intérêts agricoles, et que tous les préjugés et les mauvaises habitudes, qui s'opposent au progrès, soient combattus avec constance et énergie. »

Nous avons eu la satisfaction de voir nos demandes reproduites dans l'enquête sur les engrais. Le rapport officiel, dû à la plume savante de M. Dumas, s'exprime ainsi dans le résumé :

Les demandes des déposants, en vue de réprimer la fraude, de multiplier les engrais et d'en abaisser le prix sont les suivantes :

....

....

3° A l'égard des vidanges et des débris d'animaux, que leur emploi soit favorisé par des modifications à la loi sur les établissements insalubres; *par l'adoption du chef des autorités municipales, des mesures propres à faciliter le dépôt, la préparation et la conservation de ces matières;* enfin par l'adoption de tous les moyens de désinfection et de concentration économique qu'il appartient à la science d'indiquer;

Que des instructions émanées des Comices, invitent les cultivateurs français à suivre l'exemple des cultivateurs chinois qui recueillent, avec autant de soin que de profit, les vidanges et les débris animaux de toute nature;

Que des perfectionnements, poursuivis avec persévérance et *encouragés par l'État*, amènent une préparation plus systématique et plus scientifique des poudrettes?

....

5° En ce qui concerne l'emploi des gadoues; qu'il *soit favorisé par des mesures municipales*...

....

8° En ce qui concerne le transport des engrais; on sollicite la réduction et l'uniformité des tarifs; on demande aux Compagnies de chemins de fer d'assurer de meilleures conditions pour le garage de ces matières; de provoquer des perfectionnements au matériel roulant, pour que les vidanges et les gadoues puissent circuler plus facilement.

Qu'enfin l'*État réduise au taux le plus bas possible* les droits de battelage pour le transport des engrais, partout où ces droits existent.

Le rôle de l'administration, son intervention dans ces affaires sont très-bien déterminés dans les conclusions qui précèdent.

Bien qu'assurément, nous soyons une nation d'initiative, cependant l'exemple des autres nations a de l'influence sur notre conduite. La grande nation anglaise a surtout le privilége d'exciter notre émulation.

Eh bien, sachons que cette grande question des engrais perdus a profondément ému nos voisins, qu'ils l'ont laborieusement étudiée par tous ses côtés, aussi bien par celui qui touche à la salubrité que par celui qui regarde l'agriculture.

M. le ministre de l'agriculture, du commerce et des travaux publics, a chargé un de nos savants ingénieurs de rendre compte des grandes transformations opérées en Angleterre depuis quelques années, et M. de Freycinet, cet ingénieur, a publié un travail substantiel que tous les administrateurs devraient lire attentivement. Il a pour titre ; *Rapport sur l'emploi des eaux d'égout de Londres.*

Ce rapport fait connaître que les Anglais ont entendu appliquer à leur immense métropole un remède radical, et qu'ils n'ont reculé devant aucun sacrifice. Qu'on en juge :

..... Ce système qui comprend 132 kilomètres de grands canaux couverts, quatre établissements de pompes à vapeur, 2,380 chevaux de force, deux immenses réservoirs, aura coûté huit ans de travaux, précédés de dix ans de luttes et d'efforts, et 105 millions de francs (à peu près 800,000 fr. par kilomètre de canal tout compris). Mais quelque grand qu'ait été le sacrifice, on le trouvera encore léger, si on le met en balance des immenses avantages qu'en retire, pour son bien-être, une population de près de quatre millions d'âmes. L'atmosphère de Londres s'est purifiée et éclairée, le sol est devenu plus sec, le fleuve a repris de sa limpidité, et déjà les statistiques constatent que, dans les quartiers bas surtout, la mortalité diminue. Nul doute que si l'épidémie cholérique de 1866 a été si peu meurtrière à Londres, on n'en soit redevable en grande partie à l'exécution du main-drainage. Aussi les habitants acquittent-ils la taxe annuelle de trois deniers par livre (soit 1 fr. 20 par cent de matière imposable) qui est destinée à servir les intérêts de la dette et à l'éteindre au bout de quarante années.

Les 105 millions de travaux exécutés pour la métropole ne forment pas la totalité des sacrifices exposés pour l'assainissement de Londres, et l'utilisation de ses engrais. Après avoir pourvu à la sortie de ces matières de la ville, dans des conditions salubres, il fallait les mettre à la disposition de l'agriculture. Ce soin a été confié à la Compagnie du *Metropolis sewage*, constituée par acte du Parlement du 19 juin 1865, et qui expose un capital de 66 millions environ à ajouter aux 105 millions. Il est vrai que les engrais ont assez de faveur en Angleterre, pour que la Compagnie estime que l'emploi de ces engrais va lui assurer un bénéfice de 11 0/0, et peut être de 19 0/0 de son capital.

Les considérations qui dirigent nos voisins dans cette affaire, sont bonnes à connaître ; ce sont des raisons universelles qui ont la même valeur des deux côtés de la Manche, et, en empruntant au travail de M. de Freycinet un ensemble de renseignements et de motifs sur l'œuvre anglaise, nous complétons la démonstration résultant de l'opinion de nos propres savants. Lorsqu'une vérité est entourée de cet assentiment universel, les esprits sérieux ne sauraient plus résister ni ajourner.

Tout le monde doit se mettre résolument à même de mettre la France au niveau de peuples que nous ne souffririons pas marquer longtemps leur supériorité sur des points bien moins utiles.

Nous choisissons quelques passages du *Rapport sur l'emploi des eaux d'égout de Londres*, tout en recommandant de lire en entier ce remarquable travail :

Il ne peut y avoir de doute sur les dommages qui résultent de la pratique généralement suivie de décharger les liquides d'égout et autres résidus aux rivières où les populations viennent s'alimenter. Ces liquides sont en outre une cause de mort pour le poisson et diminuent ainsi considérablement les moyens de subsistance des habitants.

Il a été décidé que l'envoi de ces liquides aux cours d'eau constitue une atteinte au droit commun.

Il est d'absolue nécessité qu'une telle pratique cesse. On n'a découvert aucun moyen artificiel efficace pour rendre potable ou pour approprier aux usages culinaires l'eau qui a été une fois souillée par les liquides d'égout. Les procédés connus, mécaniques ou chimiques, ne peuvent produire qu'une désinfection partielle; une telle eau est toujours susceptible d'entrer en putréfaction. L'eau, qui, à l'œil, paraît la mieux purifiée, par filtration ou autrement, peut, sous certaines conditions, engendrer des épidémies graves au sein des populations qui en font usage. Au contraire le sol et les racines des plantes à végétation active ont un grand pouvoir pour débarrasser rapidement les eaux d'égout des impuretés qu'elles contiennent, et pour les rendre désormais tout à fait inoffensives. La seule alternative qui reste donc est de répandre les liquides d'égout sur les terres.

Il est non-seulement possible de les utiliser en les amenant dans la campagne par un système de tuyaux et de conduites, mais même une telle entreprise peut devenir une source de bénéfices pour les villes qui disposent ainsi de leurs résidus.

Ce bénéfice peut, en quelques années, augmenter considérablement, car déjà aujourd'hui, la quantité d'engrais artificiels est insuffisante et les sources des plus importants seront bientôt épuisées. Il faut donc recourir à des moyens nouveaux pour fertiliser les terres.

Le drainage de la métropole réclame comme complément, dans le plus bref délai possible, l'adoption d'un système qui puisse convertir un élément nuisible en une source permanente de fertilité.

L'emploi des eaux à l'état naturel est un des points les plus fermement établis en Angleterre. L'intérêt de la salubrité publique et l'intérêt agricole se sont montrés d'accord pour proscrire absolument tout mode de préparation préalable des liquides. La séparation des matières fertilisantes, obtenues par voie mécanique ou chimique, constitue à la fois, selon nos voisins, une manière moins économique d'utiliser les eaux et un procédé plus efficace d'assainissement. Déjà, avant l'enquête dont nous nous occupons plus spécialement ici, les docteurs Franckland et Hoffmann appelés en 1859, à formuler leur avis sur le traitement chimique des eaux d'égouts, avis basé sur les plus larges expériences faites pour le compte de la ville de Londres, avaient déclaré que les opérations de cette espèce doivent être conduites aussi loin que possible des districts populeux, car, disaient-ils, les matières une fois séparées des eaux, même désinfectées, passent rapidement, dans les temps chauds, à un état de putréfaction active..... La tendance putrescible des matières séparées rend leur rapide enlèvement de la plus haute importance, surtout pendant l'été. Le travail de la fermentation, une fois commencé ne peut plus être arrêté que par des masses de désinfectants pratiquement impossibles.

(*Rapport au Conseil métropolitain des travaux.*)

Devant le comité d'enquête de 1862, *on sewage of towns*, le docteur Hoffmann a été plus affirmatif encore. Il résulte, dit-il, de nos expériences que tous les plans conçus pour utiliser les eaux d'égout, excepté celui qui consiste à les employer en irrigations, portent en eux-mêmes la preuve de leur impraticabilité.

Les méthodes de précipitation des eaux d'égout, dit le professeur E. Nay, n'ont jamais donné des résultats qui payassent la somme dépensée..... C'est une erreur d'opérer la séparation des eaux d'égouts en deux parties.

(Même enquête.)

Mon opinion, dit le docteur Franckland, est que la seule méthode pour employer les eaux d'égout considérées comme engrais, c'est de les appliquer directement sur les terres, avec ou sans désinfection préalable, mais, s'il est possible, sans désinfection.

(Même enquête.)

Selon M. Lanes, l'emploi de l'eau d'égout à l'état naturel est la meilleure manière de l'appliquer aux terres.

(Enquête de 1865.)

L'engrais des villes, dit le docteur Odling, doit être appliqué aux terres en l'état où il existe dans les égouts.

(Même enquête.)

Pour les convertir (les éléments fertilisants des eaux d'égout) en matière solides, dit le baron Liebig, il faut une dépense supérieure à la valeur qu'on en retirerait pour la production. L'application de l'eau d'égout sur les terres offre véritablement le seul moyen d'utiliser les matières fertilisantes qu'elle contient.

(*Lettre au lord maire de Londres, du 19 janvier* 1865.)

Les faits, du moins en Angleterre, ont confirmé ces appréciations, car partout où l'on a cherché à séparer les matières fertilisantes contenues dans les eaux d'égouts, on a reconnu que le résultat obtenu était déplorable au point de vue commercial, en même temps qu'on avait créé aux portes des villes un foyer permanent d'infection. Sur les rares points où de semblables procédés sont encore en vigueur, on en donne pour raison une installation toute faite et la difficulté qu'offrirait le terrain à la création économipue d'irrigations agricoles. Mais l'opinion n'en est pas moins définitivemen t fixée à cet égard.

Ce n'est pas sans intention que nous reproduisons ces opinions sur ces préparations d'engrais naturel, ces divisions de solide et de liquide, ces manipulations de toute sorte qui font peser de grands frais sur des matières qui ne peuvent les supporter, manipulations qui d'ailleurs ne servent que trop souvent à abriter les fraudes les plus coupables.

Comme nous l'avons indiqué, la ville, par ses grands canaux, se débarrasse des matières, et la Compagnie du *Metropolis Sewage* s'en empare pour les livrer à l'agriculture. M. de Freycinet résume ainsi sa mission :

La Compagnie vendra sur le parcours de l'aqueduc la plus grande quantité d'eau possible, en l'offrant aux cultivateurs dans les proportions et aux époques qui leur conviendront et pour toute la portion non vendue, elle l'emploiera sur son propre domaine à des irrigations permanentes de prairies. Elle considère la production du lait et de ses accessoires comme devant être la manière la plus avantageuse pour elle de consommer ses fourrages ; elle y tiendra en conséquence dans la limite du possible, et quand les débouchés viendront à lui manquer, elle utilisera l'excédant des récoltes pour l'engrais du bétail.

Chose que nous recommandons particulièrement à l'attention de nos lecteurs, la Compagnie n'entend pas seulement engraisser des terres bonnes ou passables. Elle veut faire produire même les sables qui bordent la mer et condamnés à la stérilité par leur nature. Telle est sa foi à la puissance de l'engrais. Les fondateurs de la Compagnie expriment cette pensée d'une façon pittoresque qui est à noter. C'est une sorte de production artificielle:

Nous voulons, disent MM. Napier et Hope, engraisser la récolte et non la terre.

Au surplus, continue M. de Freycinet, la compagnie a voulu sortir de la discussion théorique et répondre par des faits visibles pour tout le monde. En conséquence, elle a pris du sable à Maplin même, et l'a transporté à Barking-Creek, où elle l'a répandu sur un hectare et demi de terrain, en une couche de 25 à 30 centimètres d'épaisseur. Une partie de la surface a été mise en prairie permanente, l'autre a reçu différents légumineux, tels que pois, carottes, asperges, etc. Ensuite on a répandu l'eau d'égout en abondance. Les résultats obtenus ont été merveilleux ; tout le monde a pu les voir, nous les avons vus nous-mêmes. Les carottes, les asperges sont d'une grosseur surprenante, l'herbe pousse à raison de 10 à 11 centimètres *par semaine*, soit près de 6 mètres par an.

On fait plusieurs récoltes et 7 coupes de fourrages. Cette végétation, toujours active, sous l'influence des liquides chauds et riches des égouts de Londres, rappelle celle des terres les plus privilégiées, sous d'autres climats. A ces faits qu'objecter désormais? Aussi le public s'est déclaré convaincu, et il l'a prouvé, en effet, en souscrivant avec empressement le capital de la compagnie, dont l'existence légale venait d'être reconnue par l'acte parlementaire du 19 juin 1865.

Un véritable enthousiasme a acueilli cette merveilleuse transformation faisant jaillir la subsistance et la vie de ce qui était l'insalubrité et la mort :

Il faut transformer une chose nuisible en une chose utile, rendre désormais à la terre ce qui appartient à la terre, et, selon la belle expression du général Board of Health, « fermer pour toujours le grand cercle de la nature. » En un mot il faut employer les liquides d'égout à la production agricole.

L'eau d'égout sera utilisée désormais, partie par les fermiers qui voudront en user sur leurs terres, partie par la compagnie, qui gardera le surplus et le répandra sur les plages stériles enlevées à la mer du Nord. Un aqueduc ouvert de 70 kilomètres de long et de 3 mètres de diamètre, déjà commencé, conduira les eaux du réservoir au rivage. Sur le parcours 40,000 hectares de terrain, dont le nombre pourra être doublé au besoin, seront desservis par gravitation, c'est-à-dire sans autre peine, de la part du cultivateur, que de tourner un robinet d'eau. A l'extrémité de l'aqueduc, la compagnie endiguera, pour le début, 3,000 hectares de sable, et plus tard, s'il y a lieu, quadruplera cette surface.

Partout les liquides seront employés à l'état naturel ; tous les modes de fabrication d'engrais artificiels ont été définitivement écartés. L'irrigation des prairies permanentes est admise comme la solution la plus avantageuse. La dose de 7 à 8,000 mètres cubes par hectare, quand le terrain le comporte, paraît correspondre au maximum de profit. Mais, sur les sables endigués, où, la perméabilité est parfaite, et où, d'ailleurs, l'eau est a discrétion, on peut aller, sans inconvénients, jusqu'à 20,000 mètres cubes.

Les lois de la nature, lit-on dans un des meilleurs rapports du *Board*, ne souffrent point de halte. Le simple éloignement des matières en décomposition n'est qu'un expédient. Le grand cercle de la vie, de la mort et de la reproduction doit être fermé ; et tant que les éléments de la reproduction ne seront pas employés pour le bien, ils travailleront pour le mal.

(*Report on the means of deodorising and utilizing the sewage of towns*, 1857).

Pour accomplir son œuvre sur la rive nord, la compagnie demande six ans et 60 millions de francs. Elle dépensera, au besoin, 100 millions pour lui donner tout son développement. Dès les premières années, le produit, on peut l'espérer atteindra 10 pour 100 du capital engagé et ne tardera pas sans doute à dépasser sensiblement ce chiffre. On entrevoit dans l'avenir, la perspective à coup sûr trop belle, de 30 pour 100 ; mais celle de 20 pour 100 ne paraît pas invraisemblable.

La solution adoptée à Londres met en évidence, selon nous, les principes qui doivent présider à l'examen de toute question de ce genre.

Ces principes sont les suivants :

L'eau d'égout doit être employée *à l'état naturel*, c'est-à-dire telle qu'elle sort des villes, sans traitement ni préparation d'aucune sorte.

Elle convient d'autant mieux aux usages agricoles qu'elle reçoit une grande proportion des résidus de la ville et notamment des matières fécales.

Le mode d'emploi le plus avantageux consiste dans l'arrosage des prairies, soit naturelles, soit artificielles. Cet arrosage doit se faire à la manière ordinaire, c'est-à-dire au moyen de fossés et de rigoles découvertes, et non au jet et à la lance.

Le sol doit être aussi perméable que possible et offrir toute facilité à l'écoulement des eaux. Les terrains légers et drainés réalisent sous ce rapport, les meilleures conditions.

Avec un sol bien disposé, une végétation active, et des eaux qui arrivent promptement sur les terres, les odeurs sont peu incommodes ; toutefois on doit éviter que les irrigations soient conduites dans le voisinage des villes.

Les liquides qui s'écoulent des terres après avoir circulé pendant quelques heures à travers les prairies, sont à peu près dépouillées d'éléments putrescibles et peuvent être déchargés sans inconvénients sensibles dans les cours d'eau.

Les canaux d'amenée des liquides doivent être couverts. Il suffit d'une inclinaison de 20 centimètres par kilomètre pour prévenir la formation des dépôts dans ces canaux.

Quand l'écoulement des liquides, jusqu'au lieu d'irrigation ne peut être assuré par la pente naturelle du terrain, on ne doit pas reculer devant l'emploi des machines à vapeur. Il faut seulement avoir soin de préserver les pompes au moyen de grillages qui arrêtent les objets les plus volumineux. Quant aux frais élévatoires de l'eau d'égout, ils sont tout-à-fait négligeables dans sa valeur puisque l'élévation à 150 mètres n'augmente pas le prix d'un dixième.

La surface nécessaire à l'écoulement des liquides d'une grande ville n'est pas très-considérable, car on peut, à la rigueur. faire passer sur un hectare de prairies, dont le sol s'égoutte bien, jusqu'à 20,000 mètres cubes d'eau d'égout par an, ce qui à raison de 110 litres par habitant et par jour, chiffre supérieur à la moyenne correspond à un hectare pour 500 habitants, ou à 4,000 hectares pour une ville de 2 millions d'âmes. Ce n'est là, il est vrai, qu'une solution au point de vue de la salubrité; car, au point de vue de la production agricole, il est bien préférable quand les circonstances le permettent, de réduire considérablement cette dose d'arrosage.

En résumé, la distance à faire parcourir aux eaux d'égouts n'est rien; la hauteur à leur faire franchir est peu de chose ; tout dépend de la nature du terrain et des facilités qu'il offre à l'écoulement. Comme il y a bien peu de villes autour desquelles on ne puisse trouver, dans un rayon plus ou moins étendu, quelque endroit propice à des irrigations de prairies, on est en droit de conclure qu'à peu près partout, l'application directe de l'eau d'égout à la culture est non-seulement un moyen efficace d'assainissement, mais peut encore devenir une opération lucrative pour ceux qui savent la pratiquer.

Ces citations que nous n'osons prolonger indéfiniment donnent à la question de la conservation et de l'emploi des engrais perdus, des proportions dont on ne se doute pas au premier abord. La patience et la ténacité anglaises nous donnent une leçon dont il faut savoir profiter.

Toutefois, en nous inspirant de ces doctrines économiques fécondes, il faut se garder de copier servilement des plans dont la réalisation a été imposée par des nécessités locales, des habitudes spéciales dont la modification eût été fort difficile, dans une immense cité comme Londres.

Avant ces gigantesques travaux, la capitale anglaise rejetait toutes ses matières fécales dans la Tamise, et il en était résulté une corruption du fleuve telle que le Parlement a dû plusieurs fois interrompre ses séances, troublé par des émanations et des odeurs qu'aucun essai de désinfection n'était capable de paralyser.

La situation des grandes villes de France, même de Paris, n'est pas la même.

Dans les mesures à prendre pour la conservation et l'emploi des vidanges, l'administration doit tenir compte de ce qui est établi dans notre pays.

Dans la plupart des villes de France et notamment à Paris, les maisons sont munies de fosses fixes. Supprimer ces fosses ou changer leur destination, en les ramenant au rôle de canal intermédiaire entre la maison et l'égout voisin, c'est se condamner à ces constructions gigantesques qu'ont dû accomplir les Anglais pour conduire les matières ailleurs que dans le cours d'eau. Ces constructions nécessiteraient du temps et de l'argent. Or, nous avons besoin d'aller vite et économiquement.

Respectons donc les fosses. Enjoignons même d'en construire aux propriétaires de maisons qui n'en ont pas. — De plus que ces fosses soient étanches. — A cet égard le droit des administrations municipales vis-à-vis des propriétaires urbains ne fait l'objet d'aucun doute. La Cour de cassation l'a consacré en maintes circonstances.

Nul n'ignore que les autorités municipales, surtout en ce qui touche la salubrité, ont des pouvoirs extrêmement étendus, et qu'elles peuvent faire des règlements desquels dépend tout à fait cette grande question de la conservation des engrais.

A une certaine époque, on a cru que les villes pouvaient disposer des matières contenues dans les fosses, de la même manière qu'elles disposent des immondices se trouvant sur la voie publique, et on a vu des administrations municipales traiter de l'enlèvement des unes comme des autres avec des entrepreneurs déterminés. Les matières fécales étant une dépendance de la propriété privée et ne rentrant pas dans le domaine municipal comme les engrais recueillis sur la voie publique, les propriétaires des maisons ont la disposition exclusive du contenu des fosses. Mais comme l'enlèvement de ce produit touche au plus haut point la salubrité publique, le droit réglementaire de l'administration domine nécessairement l'exercice du droit de propriété privée, et alors on peut dire que l'administration est en définitive investie d'un droit à peu près discrétionnaire. Son devoir est d'user de ce droit, dans le double intérêt de la salubrité et de l'agriculture. La réglementation peut varier, suivant les lieux ; mais le but final doit être celui-ci : conserver complétement ces matières ; empêcher qu'elles ne se perdent, soit dans les égouts, soit par infiltration dans le sol, au préjudice de la pureté des eaux ; veiller à ce que leur enlèvement soit fait proprement et sans odeur.

Les administrations locales qui manquent à ce devoir, et il y en a beaucoup en France, doivent y être ramenées par les avertissements et l'action supérieure de l'administration centrale. Sous ce rapport, les villes du midi méritent une surveillance toute particulière. Les plus criants abus règnent encore dans les plus grandes villes, comme Marseille, Toulon, Montpellier, Béziers, etc. Quelques essais ont été tentés pour les supprimer, mais ils ont échoué contre des préjugés et de mauvaises habitudes qui sont demeurées plus fortes qne les règlements. Ce qui est rare, en France, force n'est pas restée à la loi! La police qui recule rarement, à fléchi devant l'obstination de la routine. Comme aucun aspect politique n'a été trouvé jusqu'à ce jour, dans ces sortes d'affaires, les rebelles à la loi sont demeurés vainqueurs. Nous voulons bien que l'honneur et la sécurité de l'État n'aient rien à redouter de ces mutineries, de cette violation de règlement légalements établis. Mais l'inertie et l'indifférence de l'administration doivent-elles survivre à la démonstration portée jusqu'à l'évidence que l'alimentation publique est engagée dans ces questions d'apparence si infime? Nous ne saurions appeler là-dessus, avec trop d'insistance, l'attention de l'administration et du gouvernement, averti et sollicité même dans ses sphères les plus élevées!

A la conservation et à l'enlèvement des vidanges se rattache ce qu'on peut appeler la grave question des dépotoirs. Cette question n'occupe pas seulement les villes du midi, comme Marseille, Toulon, Bordeaux. La vaste agglomération parisienne a aussi sa question du dépotoir. L'été dernier cette question a pris à Paris une importance qu'on ne saurait déguiser, et l'objet est assez grave et touche d'assez près notre discussion pour que nous devions la porter à la connaissance du public, cette sorte de choses n'étant ordinairement remarquée que des intéressés. Or, comme il y a là des intérêts majeurs de salubrité d'une part et de richesse agricole de l'autre, il convient que les réclamations qui se sont produites soient entendues de tous, ce qui peut être une garantie qu'il leur sera plutôt fait droit.

Un dépotoir, formant, au premier chef, un foyer d'infection

pouvant agir sur la santé des habitants placés sous son action, il y a à jeter d'abord un coup d'œil sur une question de principe qui ne manque jamais de se poser, lorsqu'on a à apprécier ce point d'hygiène publique.

On a prétendu qu'un foyer d'infection de cette nature, résultant soit de l'existence d'un dépotoir, soit de la saleté de certaines villes du midi qui les fait ressembler à de vrais dépotoirs, était sans influence sur la génération ou la propagation des épidémies.

On trouve des raisons pour tous les paradoxes. On en a trouvé pour celui-là. La vérité est qu'il n'est qu'un prétexte commode pour résister aux améliorations hygiéniques que les gens raisonnables ne cessent de solliciter.

Si un foyer d'infection provenant de l'accumulation de causes miasmatiques est inoffensif, pourquoi va-t on s'enquérir jusqu'au fond de l'Orient des moyens de remédier à l'importation du choléra en Europe, en imposant aux pèlerins de la Mecque plus de propreté et plus de respect pour l'hygiène ? N'est-il pas vraiment étrange qu'on attache plus d'importance à des émanations pestilentielles dont nous sommes séparés par des milliers de lieues, qu'aux influences atmosphériques au sein desquelles nous vivons, que nous respirons et que nous laissons vicier de la façon la plus déplorable.

La raison publique dominant tous les sophismes n'admettra jamais qu'un foyer d'infection qui altère la pureté de l'air, ne soit pas malsain et n'engendre pas des maladies.

C'est une vérité de tous les temps, de tous les lieux, une vérité qu'il faut répéter sans cesse, parce que sans cesse on l'oublie : il existe entre l'homme et tout ce qui l'entoure de secrets liens, de mystérieux rapports dont l'influence sur lui est continuelle et profonde. Favorable, cette influence ajoute à ses forces normales et physiques, elle les développe et les conserve; nuisible, *alors elle les altère, les anéantit et les tue.* (*Rapport sur la marche et les effets du choléra dans Paris et le département de la Seine en* 1832.)

Les administrations publiques qui ne tiennent pas compte de vérités aussi vulgaires, manquent gravement à leurs devoirs, et il y a justice à faire peser sur elles la responsabilité de ces redoutables fléaux qui viennent parfois décimer les populations.

Nous avons eu sous les yeux un écrit sur le *Choléra de Toulon*, dû à la plume d'un ancien chirurgien de première classe de la marine, M. le docteur Martinenq, qui démontre par les faits les plus concluants, l'influence désastreuse des causes d'insalubrité qui nous ocupent.

Comme, malgré les chemins de fer, il y a encore loin de Paris à Marseille et à Toulon, et que nous ne pouvons penser que l'administration centrale connaisse le déplorable état de ces villes et de quelques autres du midi, en ce qui touche la salubrité, car si elle les connaissait, elle ordonnerait de les faire cesser; nous croyons devoir emprunter à ce travail la description de la physionomie de ces villes types de la saleté. En parlant de Toulon, l'honorable docteur écrit :

Un mode de propreté, le plus vicieux que l'on puisse imaginer, a été adopté par les habitants de cette ville : aucune maison n'est pourvue de *lieux*. Une assez grande quantité d'eau circule dans les rues, et toutes les ordures, tous les résidus des ménages sont jetés dans les ruisseaux et transportés par eux dans le port, qui est transformé ainsi en un vaste cloaque, d'où s'exhalent continuellement des miasmes fétides qui provoquent des nausées, quand on arrive sur les bords, par un temps calme et chaud surtout. Ce port occupe la plus grande partie d'un des longs côtés de la ville, précisément celui qui est le plus près de l'origine des vents régnant habituellement sur cette partie de la Provence ; de sorte que, pendant les neuf mois de l'année que soufflent ces vents, ces exhalaisons infectantes sont reportées dans la cité et y augmentent la viciation de l'air, déjà considérablement altéré par l'excès disproportionné de la population et les émanations permanentes fournies par des centaines de ruisseaux qui sillonnent la ville en tout sens, en charriant une eau corrompue par tous les immondices dont ils sont le réceptacle diurne.

Par des observations locales de la plus exacte précision, le docteur Martinenq fait voir que ces foyers d'infection ne nuisent pas seulement aux populations qui respirent directement et sur place leur air vicié. Les faits prouvent « *qu'un foyer d'infection peut faire ressentir ses effets plus ou moins loin du point où il existe* » suivant que les vents favorables transportent les émanations empoisonnées. *Le Bulletin de thérapeutique* contient du reste les preuves multiples de la réalité de ce phénomène. Le résultat fâcheux du déplacement dans un même sens, de l'atmosphère d'un foyer d'infection, a été observé à Paris. L'hôpital Saint-Louis qui se trouvait dans le voisinage de Monfaucon, contenant autrefois une voirie et de la poudrette, présentait, chaque année, au printemps, en été et en automne, toutes les fois que le vent de N.-E. soufflait avec une certaine persévérance, soit la pourriture d'hôpital, dans les salles de chirurgie, soit un état épidémique particulier, frappant un assez grand nombre de malades. (V. ce bulletin, tomes 18, 19 et 22.)

La transmission des miasmes peut s'opérer à des distances considérables et créer une infection plus ou moins générale de l'atmosphère. L'observation suivante du docteur Martinenq le fait comprendre, en justifiant cette idée admise depuis des siècles que les grandes épidémies partent constamment de l'Orient, point du globe où les règles de l'hygiène sont le plus méconnues :

A cinq pieds du sol, dit-il, les distances paraissent immenses, et il semble ridicule de penser qu'elles puissent ne pas être insurmontables; mais si on s'élevait dans l'air assez haut pour apercevoir les deux extrémités d'un diamètre terrestre, ou tout au moins le centre de l'Asie et celui de l'Europe, on comprendrait facilement le transport aisé et prompt de ces miasmes d'un lieu dans un autre, par le développement dans un même sens des masses d'air formant l'atmosphère particulière de chaque pays, de chaque ville, de chaque royaume.

Le travail du docteur Martinenq, auquel nous venons de faire ces emprunts, a reçu une autorité particulière de l'approbation qui lui a été donnée par l'Académie de médecine.

De tout ce qui précède, il nous semble résulter suffisamment, pour que nous n'ayons pas besoin d'insister, que créer ou laisser subsister des foyers d'infection, surtout dans le voisinage des grandes cités, est un danger menaçant pour la sécurité, pour la vie de leurs habitants. La fréquence des fléaux qui frappent Toulon et Marseille, rapprochée de l'état d'insalubrité de ces deux villes, n'est-elle pas d'ailleurs une démonstration sans réplique? Depuis bien des années, les administrations qui s'y succèdent étudient le moyen de remédier à cet état de choses ; des dépenses colossales ont été faites pour bâtir de vrais palais, la plupart vides encore, il est vrai ; mais, en ce qui touche le point capital de la salubrité, rien de sérieux et d'efficace n'a été fait. Ces villes restent empestées, et, à côté d'elles, d'immenses territoires, qui pourraient devenir fertiles, demeurent stériles faute d'engrais.

Cette excursion dans le midi ne doit pas nous faire perdre de vue la question que nous avons posée, sur ces foyers d'infection en quelque sorte légaux qu'on appelle les dépotoirs, et nous revenons à la position spéciale faite à la ville de Paris par son immense dépotoir de Bondy.

On lisait dans le numéro du journal *la France*, du 13 août :

Une réunion importante a eu lieu, hier, au Raincy.

Le syndicat des propriétaires de cette localité avait convoqué MM. les Maires des communes environnantes de la Seine et de Seine-et-Oise.

Ces contrées, voisines du dépotoir de Bondy, se plaignent depuis longtemps des émanations fétides qui forment, à plusieurs lieues à la ronde, une atmosphère empoisonnée.

M. le préfet de la Seine a répondu à de précédentes réclamations, qu'il se préoccuppait encore plus de *supprimer* le dépotoir que de le *déplacer;* mais que c'était là une question très-difficile.

Un des habitants du Raincy, inspecteur du chemin de fer de l'Est, M. Doré, a fait à l'assemblée un rapport remarquable dont la conclusion était que la situation de ce pays étant devenue intolérable, surtout depuis les déboisements de la forêt de Bondy, il convenait de formuler d'une manière plus pressante, les griefs d'une population qu'il n'est pas juste de laisser souffrir, en concentrant sur elle seule les conséquences d'un voisinage aussi incommode.

Deux hommes habitués à traiter ces questions, et qui se sont signalés par leurs travaux et leurs efforts tendant à faire profiter l'agriculture de matières excellentes pour elle, tandis qu'elles sont un formidable embarras pour les villes et leurs banlieues, M. Delbreil et M. Gargan, assistaient à cette séance et y ont produit de curieux renseignements.

Entrant dans les vues de M. le préfet de la Seine, qui comprend que le but à atteindre est de supprimer le dépotoir et non de le déplacer, ces messieurs ont cité l'exemple de très-grandes villes, Lyon, Lille, Strasbourg, où les matières extraites sont prises dans les fosses et conduites directement chez les agriculteurs, qui les consomment soit en nature, soit mélangées avec des absorbants.

Au point de vue de la science agronomique, ils se sont fortement élevés contre la fabrication de la poudrette, cette vieille et détestable routine des anciens vidangeurs.

Une commission a été formée pour diriger les démarches à faire auprès des autorités afin de délivrer le Raincy et ses voisins de l'usine de Bondy, ou en faire cesser à tout prix les abus. De légitimes doléances seront portées jusqu'à l'autorité suprême de l'Empereur, que les questions de salubrité et d'intérêt agricole trouvent toujours prêt à passer par-dessus tous les obstacles et toutes les lenteurs administratives.

Nous sommes heureux de nous faire les organes de ces réclamations et nous ne manquerons aucune occasion de les appuyer de notre publicité.

Nous avons sous les yeux une copie de de la pétition à l'Empereur dont parle *la France*. Nous la transcrivons comme un document historique de cette importante question.

A SA MAJESTÉ L'EMPEREUR.

Sire,

Les soussignés, au nombre de , habitants de la commune de , ainsi que le conseil municipal dont la délibération est jointe au dossier, se réunissent pour vous adresser une demande et supplient Votre Majesté de vouloir bien la prendre en considération.

Depuis vingt-deux années, depuis surtout que toutes les fabriques d'engrais humain, provenant de la ville de Paris, ont été concentrés à la voirie municipale de Bondy, quarante communes des départements de la Seine, de Seine-et-Oise et de Seine-et-Marne, placées dans un rayon de dix kilomètres autour de cet établissement, se trouvent daus une position intolérable d'insalubrité.

Cet état de choses s'est récemment aggravé par le fait du percement de larges voies ouvertes dans la forêt, et du déboisement des terrains vendus.

La comparaison des deux plans ci-joints de la forêt de Bondy en 1842 et en 1867 en fait ressortir l'évidence.

Le but qu'avait en vue, en 1842, la ville de Paris, se trouve ainsi faussé. La forêt qui naguère était un préservatif, disparaît peu à peu.

Les émanations de cet amas de matières en putréfaction toujours croissant avec la population de Paris, se répandent tour-à-tour, suivant la direction du vent, sur ces communes, les rendent quelquefois inhabitables et menacent la santé publique.

Que Votre Majesté daigne nous permettre de nous aider ici de deux puissantes considérations : l'une est l'intérêt de l'agriculture qui perd, par le système actuel de la voirie de Bondy, la plus grande partie des produits qu'elle en pourrait retirer ; l'autre est l'intérêt de la santé de la plus belle des capitales, aux portes de laquelle existe, à onze kilomètres, ce foyer pestilentiel. La région nord-est de la ville, celle-là même où se trouvent aujourd'hui les abattoirs et les marchés, peut subir l'influence de ces odeurs corruptives. Les plus grands malheurs peuvent en résulter par l'altération des viandes destinées à l'alimentation de Paris.

Sire ,

Les soussignés, appuyés par la voix de leurs concitoyens, pleins de confiance en la haute sagesse et en l'esprit de justice de Votre Majesté, osent donc, au nom de l'intérêt public, de l'agriculture et de la sécurité générale, élever jusqu'à vous les plaintes légitimes de leur malheureuse contrée.

Ils viennent supplier que des mesures soient prises pour mettre un terme à une gêne odieuse et à des dangers toujours croissants.

Sire,

Les signataires de la présente pétition seront heureux de recevoir de la décision même de Votre Majesté, le remède à leur souffrance.

Pleins d'espoir en votre sollicitude pour le bien public, ils sont,

De Votre Majesté,

les fidèles et respectueux sujets,

L'exposé publié par le syndicat des propriétaires de Raincy, contient sur le dépotoir de Bondy, des détails qui sont bons à connaître :

En conséquence, nous avons aujourd'hui au milieu de nous l'unique voirie de Paris, à peine cachée par la forêt, en cours de déboisement. Il y a là un stock permanent de 200,000 mètres cubes de matière qui ne disparaissent qu'après avoir dégagé et répandu sur nous, pendant leur longue stagnation, tous les gaz que pouvait engendrer leur fermentation putride.

Il faut bien se résigner à entrer dans quelques détails.

En ce qui concerne l'extraction des fosses de Paris, nous pouvons, sans trop dire, affirmer que les matières ne subissent à un degré suffisant, aucun des procédés désinfectants imposés à la vidange.

Quant aux manipulations de Bondy, elles sont restées ce qu'étaient celles de Montfaucon, de repoussante mémoire.

Il serait injuste de reprocher à MM. Richer et Cie d'avoir aventuré des perfectionnements trop hardis.

Les grosses matières sont amenées par bateaux dans des tonnes, versées à *l'air libre* sur un sol à peu près horizontal où elles sont *explorées* et *triées*, puis repoussées dans un bassin. Ce dépotage et les opérations qui s'y rapportent sont l'une des principales causes de l'infection.

Après un séjour en bassin de plusieurs années, quand la fermentation prolongée, l'action du temps et du soleil en ont retiré *tous* les gaz qui pouvaient nous incommoder, les matières sont extraites et étendues sur le sol à *l'air libre* pour y être complètement desséchées.

Les liquides sont refoulés de la Villette à Bondy dans un canal qui aboutit à l'un des bassins de la voirie. De là on les décante successivement cinq à six fois de bassin en bassin, créant ainsi des surfaces d'évaporation de 10,000 mètres carrés par bassin sur une vase molle et effervescente.

Après plusieurs années de travail, lorsqu'un bassin contient assez de vase pour être exploité, on l'isole de tous les autres. Une pompe y est introduite, au moyen de laquelle les eaux-vannes sont rejetées dans un égout *découvert* qui les conduit à la Seine, près de Saint-Denis, répandant son odeur infecte sur tout son parcours, et allant empoisonner les eaux du fleuve.

La vase, ainsi mise à nu après un travail de plusieurs semaines, souvent contrarié par les pluies, est retirée, étendue sur le sol en *plein air* et desséchée, comme il a été dit plus haut pour les grosses matières.

La superficie des huit bassins et des séchoirs est d'au moins 100,000 mètres; on comprend donc combien est profonde l'infection de la contrée, surtout pendant les chaleurs.

Nous n'avons pas à examiner à quel degré l'usine Richer utilise la richesse des substances dont elle dispose. Citons cependant quelques chiffres, extraits d'un document qui est au dossier. — 750,000 mètres cubes sont produits annuellement par la ville de Paris; — 36,000 mètres cubes seulement sont utilisés; — le reste (714,000 mètres) est évaporé ou conduit a la Seine.

Ces chiffres ont considérablement augmenté dans la présente année.

Quant aux produits fabriqués, d'après un extrait des *rapports et documents* de la commission des engrais, instituée le 1er juin 1864 par M. le ministre de l'agriculture et du commerce, *l'engrais Richer est un composé de poudrette, mélangée avec d'autres matières probablement inertes.* C'est l'engrais humain réduit à son moindre volume et à sa moindre valeur.

Citons en passant une usine à ammoniaque d'où émanent beaucoup de gaz infects et très-peu de produits industriels.

Voilà donc une industrie qui, pour atteindre des résultats aussi incomplets, empoisonne les populations à dix kilomètres à la ronde.

De cet exposé il résulte que le mal à supprimer provient généralement de toutes les opérations subies par les substances depuis leur extraction des fosses, et que nous devons nous en prendre surtout à la fabrication d'engrais de Bondy.

Les propriétaires de Raincy ont eu aussi à se défendre contre l'argument pris de la prétendue innocuité des émanations des matières fécales. Nous ajoutons leur réponse aux raisons que nous avons déjà formulées:

On a voulu prétendre qu'il était difficile de prouver à quel point sont insalubres ces émanations, s'appuyant sur le fait que les épidémies sont rares parmi les communes voisines. Or, il est évident que l'état sanitaire d'un pays est la résultante de causes diverses. Qui vous dit, Messieurs, que, avec l'accroisement de la population parisienne, avec le déboisement de la forêt et enfin avec la centralisation à notre porte de tous les abattoirs de Paris, l'équilibre de ces causes ne va pas se rompre, faire de notre contrée un foyer d'épidémie et compromettre, dans son alimentation même, la sécurité de la capitale.

Il est constant, au contraire, d'après tous les hygiénistes, que les odeurs des déjections cholériques constituent le principal mode de propagation épidémique. Nous citerons le témoignage qu'est venu nous apporter hier l'un des maires des environs, dont la propriété borde la voirie. Les arbres appartenant à ce propriétaire sont desséchés, non par des infiltrations, comme on l'avait d'abord cru, mais par les émanations de gaz. Des fouilles, faites au pied de ces arbres, ont fourni une eau saine et limpide, d'après les constatations d'un expert nommé par le tribunal. Si les émanations, au degré le plus intense, sont mortelles pour les végétaux, elles sont pour le moins nuisibles à la santé publique. Le doute seul à cet égard justifierait les mesures les plus coûteuses et les plus radicales.

Il n'est pas toujours facile d'obtenir de la presse, de la presse parisienne surtout, de défendre les droits les plus fondés, les intérêts les plus légitimes. Nous avons déjà vu cependant *la France* se faire l'organe des doléances des habitants de Raincy. Une autre feuille de la capitale, *la Patrie*, a donné également l'appui de sa publicité à ces justes griefs. On lisait dans le numéro du 7 octobre l'article suivant :

Nous avons sous les yeux un exposé lu, au nom du syndicat des propriétaires du Raincy, dans une récente réunion générale des maires et délégués des communes intéressées, sur une question qui préoccupe à bon droit les populations situées à dix kilomètres à la ronde de la voirie de Bondy, cette triste héritière de la voirie de Montfaucon, de repoussante mémoire. Cet exposé insiste sur le droit bien établi de ces populations d'exiger la suppression, possible d'ailleurs, des odeurs qui les empoisonnent et déprécient d'une manière incalculable la valeur des propriétés, et sur le droit non moins incontestable de demander en même temps la suppression ultérieure de la voirie elle-même et de ses pratiques surannées.

Sur le premier point, les intéressés se plaignent que la Compagnie fermière de Bondy, n'obtempère pas aux sommations qui lui ont été faites d'avoir à se conformer scrupuleusement à toutes les conditions imposées à son exploitation par le cahier des charges, à celle notamment de *compléter la désinfection commencée dans les fosses et de maintenir en silo la poudrette fabriquée;* qu'elle se refuse à prendre les mesures nécessaires pour faire cesser un état de choses qui non-seulement incommode d'une manière très-grave de nombreuses communes, mais qui peut mettre en péril la salubrité publique. Est-ce bien sans danger, en effet, que 200,000 mètres cubes de matière, formant le hideux et permanent stock de la voirie de Bondy, ne disparaissent, manipulées à l'air libre, qu'après avoir dégagé et répandu sur les populations environnantes, pendant leur longue stagnation, tous les gaz que leur fermentation putride peut engendrer? Quelle infection profonde ne doit pas répandre sur toute une contrée surtout pendant les chaleurs, le voisinage de bassins et de surfaces d'évaporation d'une superficie de 100,000 mètres au moins.

Quant à la suppression même de la voirie de Bondy, l'exposé que nous analysons ne paraît pas mettre en doute que ce but final ne soit atteint, et que la ville de Paris, sous la direction de son habile administrateur, ne veuille se mettre à la hauteur d'autres villes importantes de France, qui, dotées de services améliorés, transportent au loin les engrais, et qui, pour la plupart, les appliquent immédiatement à l'agriculture.

La confiance du syndicat des propriétaires du Raincy s'appuie d'ailleurs sur l'opinion de M. le préfet de la Seine, qui, sollicité de mettre un terme aux inconvénients dont souffrent les communes situées dans le voisinage de Bondy, écrivait au mois de juillet 1866 : « Je projette, non pas de déplacer, mais de supprimer le dépotoir de Bondy. Si je n'entrevois pas la possibilité d'une très-prompte solution dans une affaire si grave et si complexe, je puis vous assurer que l'étude en sera poursuivie avec toute l'activité qu'elle mérite par son importance. »

Voilà, pour l'avenir, de rassurantes paroles. Pour le présent, les communes qui confinent à la voirie de Bondy ont le légitime désir d'être affranchies sans retard, dans la limite du juste et du possible, des émanations délétères dont elles se plaignent. Elles demandent que les concessionnaires de cette usine sans nom soient amenés à mettre en pratique les moyens de nature à rendre l'exercice de leur industrie moins dommageable pour l'intérêt public.

Ces communes veulent poursuivre, par la voie de la conciliation le redressement du préjudice qui leur est causé. Elles se disposent à recourir à la haute intervention du Sénat, qu'elles saisiraient d'une pétition à ce sujet, ou directement à la sollicitude de l'Empereur. Les réclamations dont il s'agit sont trop fondées pour que nous puissions douter de leur succès, sans que les intéressés soient forcés, pour obtenir le résultat souhaité, de se faire, en désespoir de cause, une arme de la loi et de recourir à la justice.

LOUIS BELLET.

L'administration de la ville de Paris, désireuse de donner satisfaction aux plaintes qu'elle reçoit depuis plusieurs années, cherche à supprimer son gigantesque dépotoir, en fondant un système d'assainissement de la capitale, analogue à celui qui a été exécuté à Londres. Pour donner une idée de ce projet, nous ne saurions mieux faire que de mettre sous les yeux de nos lecteurs un document officiel rédigé par un homme très-compétent, membre du conseil général de Seine-et-Oise. C'est à ce conseil que le rapport est adressé.

Messieurs,

L'année dernière, touchés des plaintes que les communes riveraines de la Seine ont élevées au sujet de l'impureté des eaux du fleuve, vous avez exprimé le vœu que des mesures fussent prises pour remédier à cette situation regrettable, et pour qu'en aucun cas les eaux provenant des égouts de la capitale ne fussent jetées, dans leur état actuel, dans les campagnes de notre beau département, parce qu'elles pourraient y occasionner des maladies épidémiques analogues à celles qui se sont déclarées à Londres à la suite de l'infection de la Tamise.

Permettez-moi d'être ici l'interprète de leur reconnaissance, dont les conseils municipaux ont, du reste, transmis l'expression à M. le préfet par leurs délibérations de novembre **1865.**

L'administration municipale de la ville de Paris, si attentive et si vigilante pour tout ce qui concerne les intérêts confiés à ses soins, ne pouvait manquer de se préoccuper d'une question si importante au point de vue de l'hygiène publique. Une mission a été donnée à un ingénieur distingué, M. Mille, pour aller étudier à l'étranger les mesures les plus propres à remédier à un mal qui n'atteint pas seulement une partie de nos habitants, mais aussi une population nombreuse du département de la Seine.

Le problème à résoudre est celui-ci : 1° débarrasser la Seine de tous les dépôts infects qui l'envahissent chaque jour ; 2° utiliser au profit de l'agriculture les matières organiques contenues dans les eaux d'égout.

Ainsi que nous l'a fait connaître M. Dumas lors de la discussion au Sénat d'une pétition relative à cet objet, deux procédés sont en ce moment à l'étude et permettent d'espérer une solution prochaine de la question. L'un, mécanique, consisterait à élever les eaux des égouts jusqu'à la hauteur des sables de Beaumont, où elles iraient se perdre en les fertilisant; l'autre, chimique, a pour but de séparer, à l'aide d'un traitement par le sulfate d'alumine, les matières organiques, et de ne faire circuler désormais que des eaux inoffensives.

A l'approche de votre session, il nous a paru, à notre honorable collègue, M. Dailly, et à moi, que, peut-être, il ne serait pas sans utilité de nous rendre compte des essais tentés, afin de vous faire connaître les résultats obtenus jusqu'à ce jour. Profitant de l'œuvre gracieuse qui nous a été faite par M. Michal, inspecteur général des ponts et chaussées, directeur des services municipaux de la ville de Paris, nous nous sommes rendus la semaine dernière à Asnières, où M. Mille, avec un empressement dont nous l'avons particulièrement remercié, nous a fait assister aux expériences qui ont eu lieu sous sa direction à l'embouchure du grand collecteur.

Si vous voulez bien me prêter quelques minutes de votre bienveillante attention, j'aurai l'honneur de mettre sous vos yeux les résultats acquis et les conséquences qu'il est permis d'en tirer au point de vue de notre département.

Et tout d'abord, il me semble indispensable, afin de bien préciser l'état de la question, de rappeler ce que j'ai pris la liberté de vous exposer, lors de notre session de **1865**, sur les causes de l'insalubrité des eaux de la Seine. Je disais alors que le mal provenait de ce que toutes les immondices de Paris étaient, depuis la construction du collecteur, déversées sur un seul point; et de ce que le fleuve recevait, tant des maisons de la capitale que de la voirie de Bondy et autres établissements de ce genre, des masses considérables de vidange évacuée *à l'état brut.*

J'ajoutais, puisque tous les hommes compétents reconnaissent que la vidange est on ne peut plus dangereuse pour le fleuve, parce qu'elle contient et engendre un gaz mortel, l'hydrogène sulfuré, que rien ne serait plus facile que de donner satisfaction aux communes de Seine-et-Oise; qu'il suffisait que l'autorité supérieure prescrivît que désormais toute la vidange de Paris sera conduite sur des points déterminés, afin d'en opérer la destruction par des moyens connus de la chimie, ce qui, dans ma pensée, devait entraîner la suppression de toutes les communications des fosses d'aisance avec les égouts, et, partant, aussi celle du système diviseur établi en vue de l'assainissement de la capitale, et qui n'a fait qu'aggraver le mal. Je faisais remarquer que dans la situation actuelle il était nécessaire d'employer beaucoup d'eau pure pour laver les égouts, qui, en s'imprégnant elle-même des gaz fétides qu'ils renferment, venait encore ajouter à l'infection des eaux de la rivière.

Le nœud gordien n'était donc pas, à mes yeux, seulement à Asnières, mais surtout à Paris et dans les établissements où se fait le travail de la boucherie, de la vidange et de l'équarrissage.

Ceci expliqué, j'entre dans le détail des opérations, du reste fort simples, qui ont lieu à Asnières, près du collecteur, et qui sont analogues à celles qui se pratiquent en Angleterre sur le littoral de la mer.

Ainsi que je l'ai dit en commençant, il est un point sur lequel tout le monde est maintenant d'accord : c'est qu'il faut purifier la Seine de toutes les impuretés qui la souillent aujourd'hui et arriver à recueillir les déchets, les débris organiques, les immondices, en un mot, toutes les substances animales et végétales renfermées dans les eaux d'égout, pour les faire servir à la fertilisation de la terre.

« Il est parfaitement démontré, dit M. Dumas dans son rapport au « Sénat, que les immondices de tout genre qui se produisent dans l'égout,

« si elles étaient reportées dans les campagnes pour y être employées à « titre d'engrais, suffiraient amplement pour reconstituer, sous forme « d'aliments végétaux, tous les aliments qui ont été consommés dans la « ville qui les a produits. Il y a là un système de rotation dont la science « a rendu parfaitement compte. »

C'est à la solution de cette double question que M. l'ingénieur en chef des ponts et chaussées, Mille, consacre en ce moment sa science profonde et son dévouement.

Pour ses essais, l'administration municipale de la ville de Paris a loué, à Asnières, à 300 mètres de distance de l'ouverture de l'égout, un champ d'une superficie d'un hectare environ, ainsi qu'un pavillon servant de laboratoire pour les analyses.

Contre le collecteur se trouvent placées deux locomobiles qui mettent en mouvement une pompe d'aspiration et de refoulement destinée à diriger journellement, par un conduit souterrain, environ 500 mètres cubes d'eau de l'égout dans une cuvette placée à l'extrémité du champ dont il s'agit, et élevée au-dessus du sol pour faciliter les opérations relatives à la séparation des matières organiques. Ces eaux, noirâtres et fortement imprégnées d'hydrogène sulfuré, s'écoulent à leur sortie de la cuvette par une petite rigole en bois, dans un vaste bassin creusé dans le sol d'environ 80 mètres de long sur 12 de large, et fermé par une vanne. Au moment de leur passage par la rigole, elles reçoivent un filet d'eau contenant en dissolution un sel impur d'alumine qui, en même temps qu'il précipite les matières tenues en suspension dans les eaux brutes, opère la désinfection, de telle sorte qu'à leur entrée dans le bassin, elles soient dépouillées de leur odeur pernicieuse.

Le repos auquel ces eaux, ainsi traitées, sont soumises pendant six heures environ, permet au dépôt de se précipiter. Après ce laps de temps, la partie liquide a acquis une limpidité presque complète et peut être déversée dans la Seine ; elle ne renferme plus alors qu'une très-faible quantité de matière organique ; mais dans cet état encore elle peut servir aux irrigations, à raison des sels qu'elle contient. Le prix du désinfectant serait par chaque mètre cube d'un centime seulement.

Voici au surplus, par mètre cube, la composition moyenne de ces eaux avant et après le traitement, telle qu'elle résulte des opérations accomplies pendant les cinq premiers mois de cette année :

	EAU BRUTE.	EAU DÉSINFECTÉE.	
	Matières solides et sels.	Partie solide. — Colmatage.	Partie liquide. — Eau blonde.
	kil.	kil.	kil.
Matière minérale	1.965	1.470	0.557
— organique	0.607	0.523	0.098
Soude	0.102	»	0.102
Potasse	0.022	»	0.022
Acide phosphorique	0.014	0.014	»
Azote	0.033	0.014	0.018
	2.753	2.021	0.797

D'après les chiffres ci-dessous, le colmatage renfermait sur 100 parties :

Matière minérale, probablement inerte	72,73
— organique	25,87
Acide phosphorique	0,70
Azote	0,70

c'est-à-dire 27,27 de substances utiles à la végétation, ce qui paraît constituer un engrais égal, et même supérieur, à un grand nombre de matières fertilisantes livrées par l'industrie. Il faut toutefois remarquer que les analyses ne font aucune mention de l'hydrogène sulfuré, qui existe pourtant en proportion assez notable dans les eaux d'égout, alors cependant que le sulfate d'alumine a pour effet principal de décomposer ce gaz dangereux.

Relativement à la partie liquide, elle ne tiendrait plus en suspension que 0,655 de matière solide, et, en dissolution, 0,142 de sels provenant, selon toute apparence, des eaux de lessive et du carbonate ou sulfate d'ammoniaque produit par la vidange.

Quant au dépôt, après que le bassin a été rendu libre des eaux qu'il renfermait au moyen de l'ouverture de la vanne, il est enlevé, étendu sur le sol et séché à l'air.

Indépendamment de ce premier résultat qui, il faut le reconnaître, est considérable, puisque, grâce aux procédés, les eaux d'égout pourront être rejetées désormais sans inconvénient dans les rivières, l'administration a voulu rechercher quelle serait l'action des eaux employées, à l'état brut sur la végétation. A cet effet il a été établi, sur le champ d'essai, une culture de produits variés. Il convient de constater que, de ce côté encore, les résultats sont tellement satisfaisants, qu'il semble inutile de continuer des expériences qui ne sauraient rien apprendre de plus.

Tel est le système qu'il s'agirait de mettre en pratique. Dans ce but, tous les égouts de Paris seraient reliés à celui d'Asnières, et leurs eaux, s'élevant à 300,000 mètres cubes par jour environ, seraient envoyées, au moyen d'un syphon, sur les hauteurs de Sannois, où il serait procédé aux opérations qui viennent d'être décrites. Les eaux désinfectées seraient livrées à l'agriculture en même temps que le colmatage, et l'excès d'eau non employé serait rejeté en Seine, au confluent de l'Oise, après désinfection et clarification. Ce projet entraînerait une dépense d'environ 10 millions pour la ville de Paris.

Permettez-moi, messieurs, de soumettre à votre appréciation les réflexions qu'il m'inspire.

La quantité de mètres cubes à travailler par jour devant s'élever à 300,000, tout naturellement on devra aussi opérer chaque jour sur des masses considérables de boues, à la vérité désinfectées, mais qu'il faudra sécher sur le sol en employant nécessairement des surfaces considérables. Or, comme ces boues seront soumises à toutes les influences de l'atmosphère, n'est-il pas à craindre, la matière organique n'étant pas détruite par l'opération du sulfate d'alumine, que l'humidité et la chaleur n'excitent la fermentation en provoquant de nouveaux gaz putrides? Ne serait-ce pas alors établir dans notre département un centre d'insalubrité contre lequel ne manqueront certainement pas de protester, et avec juste raison, les populations de la riante vallée de Montmorency et du canton tout entier d'Argenteuil ?

D'ailleurs, peut-on espérer qu'on arrivera à dessécher, en toute saison, les masses énormes de boues qui seront récoltées chaque jour ? Ainsi que l'analyse l'a constaté, chaque mètre cube d'eau d'égout produit 2 kilogrammes de dépôt, ce qui, pour 300,000 ne représente pas moins de 600 mètres cubes par jour ou 219,000 par an, c'est-à-dire 2,190,000 hectolitres ou quatre fois environ la quantité totale d'engrais produite actuellement par le département de la Seine. Et comment s'écoulera ce volume considérable de colmatage ?

On espère, il est vrai, que cet engrais sera enlevé par la culture de tous les pays environnants ; mais croit-on que les cultivateurs qui, en revenant des marchés de Paris, ont l'avantage de pouvoir en rapporter les fumures dont ils ont besoin, dérogeront à cette habitude si commode pour eux, pour aller les chercher au loin ?

On sait, en effet, que dans le commerce des engrais, le transport exerce la plus grande influence, à ce point que les marchands sont obligés d'établir des dépôts au milieu des centres agricoles. Il faudra donc expédier le colmatage à d'assez grandes distances ; mais sera-t-il, dans ce cas, en état de supporter des frais de transport ? Et s'il ne s'écoule pas, que fera-t-on de ce produit qui s'accumulera de jour en jour ? Il est bien entendu que je ne parle ici que des frais qui pèseront sur le cultivateur et non de ceux résultant de la production, qui seront relativement élevés.

Ainsi que je l'ai établi plus haut, la séparation par le désinfectant de la matière solide d'avec la partie liquide coûtera un centime par mètre cube d'eau d'égout, produisant 2 kilogrammes de dépôt, ce qui mettrait le prix de revient de ce produit à 5 fr. par mètre cube ou 50 centimes par hectolitre, non compris les dépenses de manipulation, d'entretien des conduits et machines qui seront assez importantes. Mais comme cette question ne regarde que la ville de Paris, je n'ai point à m'en occuper ici.

En Angleterre, on ne se trouve pas en présence d'une semblable difficulté. Les eaux de Londres, comme celles de Paris, sont bien réunies à un seul collecteur, mais elles sont envoyées directement sur les terrains qu'elles doivent fertiliser, et partant, le colmatage se fait naturellement, sans main-d'œuvre et sans autre dépense que celle résultant de la machine à vapeur qui sert à leur refoulement.

Il faut donc le reconnaître, les produits du colmatage provenant des égouts de Paris ne seront enlevés à l'agriculture qu'autant qu'ils seront livrés aux cultivateurs à des prix modiques et avec des facilités de transport que la navigation seule peut offrir, et qui n'existeront certainement pas à Sannois ; déjà on a essayé de mettre à la disposition des agriculteurs des eaux de vidange également riches en principes fertilisants, et cet essai, M. Mille le sait, a échoué, bien que des mesures aient été prises pour faire parvenir économiquement ces eaux au loin.

Je poserai d'ailleurs ce dilemme : ou bien le colmatage ne présentera aucun des inconvénients que je viens de relever, et alors pourquoi s'engager dans une dépense considérable pour conduire les eaux des égouts à une distance éloignée de Paris et ne pas faire à Asnières et dans les plaines de Gennevilliers ce qu'on y fait aujourd'hui ? Ou bien ces inconvénients existeront, et alors pourquoi la ville de Paris déchargerait-elle sur notre département les immondices qui la gênent ?

Je ne méconnais pas les avantages de l'opération au point de vue agricole, mais comme elle peut présenter des inconvénients au point de vue hygiénique, je crois qu'il est prudent, jusqu'à ce que cette dernière question ait été complétement résolue, de repousser un présent qui pourrait être dangereux pour la santé de nos habitants.

En ce qui concerne les eaux, les difficultés paraissent moindres : ou elles seront envoyées à l'état brut sur les terres des cultivateurs qui en feraient la demande, ou elles seraient rejetées dans la Seine après avoir été clarifiées.

Je ferai seulement observer que, dans le premier cas, il peut arriver, comme pour le colmatage, que l'emploi d'une trop grande quantité de ces eaux fertilisantes n'ait pour effet de transformer en marais les plaines où elles seront déversées, et partant de provoquer des exhalaisons également nuisibles à la santé publique ; que, dans le second cas, il est à craindre que la quantité d'eau, à la vérité désinfectée, mais jetée sur un même point et ayant conservé une partie de sa nature primitive, n'altère la pureté des eaux du fleuve. En effet, le sulfate d'alumine, qui a la propriété d'enlever aux eaux impures leur mauvaise odeur, ne saurait leur donner la composition de l'eau pure de rivière, ainsi que le prouve l'analyse ci-dessus.

Après avoir exposé les avantages et les inconvénients de l'application du système à l'étude, il me reste, Messieurs, à examiner s'il ne serait pas possible de résoudre le problème en sauvegardant tous les intérêts.

Ainsi que je l'ai dit, en 1865 et au commencement de ce rapport, la cause du mal est dans la vidange rejetée à l'état brut dans les égouts; or, il n'est pas possible que cette cause ne puisse disparaître, si la ville de Paris le veut.

Pour atteindre ce but, il suffit que l'administration municipale décide : 1° qu'il est interdit, sous les peines les plus sévères, de faire aucune évacuation de cette nature, soit par l'intermédiaire d'appareils diviseurs, soit par des conduits aboutissant aux égouts ; 2° que désormais les matières dont il s'agit seront dirigées sur un ou plusieurs points pour être soumises aux opérations pratiquées à Asnières, avec cette différence que les eaux vannes désinfectées ne seront pas rejetées dans la Seine, mais livrées à l'agriculture ou déversées, soit dans les puits proposés par M. Mulot, soit dans les terrains sablonneux qui peuvent exister aux environs de Paris. La quantité de ces eaux ne pouvant guère s'élever à plus de 3,000 mètres cubes par jour, cette opération ne saurait donner lieu à aucune objection, attendu que les eaux vannes se laissent facilement filtrer après désinfection.

Quelques plaintes s'élèveront peut-être de la part des propriétaires, qui ont aujourd'hui l'avantage de se débarrasser commodément des déjections de leurs immeubles au moyen des communications qu'ils ont fait établir avec les égouts, mais ils comprendront qu'il s'agit ici d'une nécessité de premier ordre, et que les convenances particulières ne sauraient prévaloir devant l'intérêt de la salubrité publique. Sans doute les égouts, bien que ne recevant plus que des eaux ménagères, contiendront encore des principes organiques, mais leur quantité se trouvera sensiblement diminuée, notamment l'hydrogène sulfuré, ce qui est le point principal.

Par l'adoption de ces mesures si simples, tout devient facile. Les eaux d'égout, débarrassées de leurs principes dangereux, n'ont plus besoin d'être conduites au loin à grands frais : elles peuvent être traitées à Asnières même et employées aux cultures maraîchères qui ne manqueront pas alors de s'établir dans les plaines sablonneuses d'Asnières, de Gennevilliers, etc.; l'excès d'eau trouve un écoulement naturel dans la Seine; le colmatage a perdu, il est vrai, une légère partie de sa richesse, mais il est mis à la portée des cultivateurs qui, chaque jour, se rendent à la capitale, et la navigation de la Seine lui fournit tous les débouchés nécessaires pour être transporté au loin ; le lit du fleuve est dégagé des dépôts qui l'obstruent et l'infectent en ce moment ; l'eau redevient limpide et propre à l'alimentation publique, et les populations de notre département bénissent l'administration municipale de la ville de Paris de les avoir préservées à tout jamais d'un état de chose qui, dans les temps d'épidémie surtout, pouvait avoir pour elles les plus fâcheuses conséquences.

En résumé, Messieurs, les expériences d'Asnières réalisent deux progrèsimportants ; la désinfection des eaux d'égouts et la précipitation des matières organiques qu'elles contiennent.

Peut-être le conseil général croira-t-il utile d'en féliciter l'administration de la ville de Paris, en renouvelant le vœu que notre beau département de Seine-et-Oise soit préservé, par l'adoption des mesures que je viens d'indiquer, d'un établissement qui, dans ces conditions et avec l'application des procédés nouveaux, ne serait plus nuisible, il est vrai, mais n'en serait pas moins incommode et de nature à déprécier considérablement les propriétés qui l'avoisineraient.

28 août 1867.

BARRÉ.

On a vu avec quelle insistance les Anglais, placés d'ailleurs dans des conditions locales toutes différentes, ont tenu à employer les résidus des égouts *à leur état naturel*, sans préparation, conséquemment sans frais, et aussi sans ce danger d'émanations insalubres que doit produire le procédé de dessication préalable des parties solides séparées des liquides. Cette différence constitue un avantage considérable au profit du système anglais. Le voisinage de ces vastes plages sablonneuses qui bordent la Tamise et qui, en absorbant les eaux d'égoût, se fertiliseront, permet de suivre ce système.

L'administration française est obligée de se délivrer de ses résidus abondants, non en les livrant sans frais à la culture locale, mais en les vendant aux agriculteurs venant les chercher de loin, ce qui occasionne immédiatement des frais de transport considérables, de nature très-probablement à rendre cet emploi inabordable.

Cette tentative d'imitation n'est donc pas heureuse, et il est à espérer que l'administration étudiera de nouveaux systèmes avant de consacrer des millions à cette opération qui serait toujours incomplète, puisqu'elle comporterait un complément indispensable, le transport coûteux des engrais préparés.

Le vœu du rédacteur du rapport ci-dessus sera, il faut l'espérer, toujours écouté, et l'administration comprendra qu'elle ne doit point retomber dans les fautes passées, en tolérant la communication des fosses aux égouts, pratique qui souille les eaux de la Seine, en même temps qu'elle fait perdre à l'agriculture une notable partie d'engrais précieux.

Le problème à résoudre, les vidanges étant conservées dans leur intégralité, est de les extraire et de les transporter, dans des conditions de propreté et d'inodorité, en les conduisant directement de la fosse au champ des agriculteurs, sans passer par l'emmagasinage onéreux d'un dépotoir. Et cette méthode donnerait également satisfaction aux plaintes des voisins de la voierie de Bondy. Le dépotoir serait *supprimé*.

Disons d'abord qu'il n'est pas chimérique, qu'il n'est pas sans exemple d'accomplir la vidange d'une grande ville, sans subir la nécessité d'un dépotoir.

La cité populeuse de Lyon n'a pas de dépotoir. La vidange s'y fait dans des conditions d'une rare économie, avec le concours des agriculteurs qui viennent chercher les matières pour les conduire directement dans leurs champs. — Dans les départements du Nord, les villes n'ont pas non plus de dépotoir général. Les matières sont directement rendues chez les agriculteurs qui ont sur leurs domaines des citernes pour les recevoir. — Il est entendu que, dans ces contrées où les matières sont appréciées, on n'en diminue pas la quantité par le coulage dans les égouts, au contraire. Les vidanges se vendent. On augmente la quantité par des additions frauduleuses d'eau.

Bien que les quantités de matières produites par la ville de Paris, bien que les distances à parcourir pour sortir de la ville créent des difficultés exceptionnelles, néanmoins cet excellent principe peut être appliqué avec avantage : le transport direct de la fosse au champ.

Les progrès de la science et de l'industrie viennent en aide pour en arriver là.

L'*Écho agricole* du 17 juillet dernier publiait sous ce titre : *Un nouveau système de vidanges et de nettoiement des villes à la vapeur*, un article qui rend compte du procédé sur lequel nous appelons l'attention.

Les expositions ne sont pas seulement un magnifique spectacle offert à l'admiration publique : cette accumulation sur un seul lieu des succès du génie humain, stimule l'intelligence des artistes et des industriels, et des créations nouvelles succèdent à celles qu'on applaudit.

Tous les visiteurs de l'Exposition ont vu ces machines à vapeur, peu connues encore, qu'on appelle des locomotives routières, destinées à circuler sur les voies publiques et à y remplacer en quelque sorte les chevaux.

Un entrepreneur de vidanges de province a eu l'idée de donner à ces locomotives une application qui peut être extrêmement féconde, tant au point de vue agricole qu'au point de vue de l'assainissement des villes.

On commence à comprendre à peu près partout maintenant que laisser perdre les engrais des villes, vidanges et immondices, est une monstruosité, lorsque les campagnes ont si grand besoin d'engrais et qu'on trompe si souvent l'agriculteur en lui offrant, à chers deniers, des matières inertes. — Nous ne voulons pas revenir aujourd'hui sur une question que nous avons traitée souvent : qu'il nous suffise d'en rappeler l'importance.

Toutefois, il faut reconnaître que, si aucune bonne raison ne légitime la perte de ces engrais si précieux, plus d'une cause fait obstacle à leur emploi. Ces engrais, si difficiles à manier, sont fort encombrants. Le transport en est coûteux, et, par cela même, ils reviennent aux consommateurs à des prix quelquefois trop élevés; dès lors, quelle que soit leur valeur, on les délaisse. Beaucoup de nos grandes villes jettent encore ces trésors à la rivière ou à la mer.

Aussi va-t-il de soi que tout ce qui tend à vulgariser l'emploi des engrais naturels doit exciter l'attention des économistes et des agronomes.

Il fallait un homme familiarisé avec la *matière* pour songer à tirer parti des locomotives routières, comme on va le faire avec les procédés dus à l'entrepreneur de vidanges dont nous parlons.

Le progrès est lent dans ce genre d'industrie, parce que, dans beaucoup de nos villes, elle se ressent encore des anciens préjugés qui faisaient des vidangeurs des hommes qu'il était malsain d'approcher. La désinfection des matières a été un premier perfectionnement. L'emploi de moyens d'extraction atmosphériques a été un second pas en avant. Le nouveau système de vidanges et de nettoiement des villes à la vapeur réalise un progrès qui dépasse considérablement tous les autres.

Extraire les vidanges proprement et sans odeur, transporter ces matières, et toutes les immondices des villes en général, avec économie, à des distances suffisamment éloignées des villes, pour que les agriculteurs placés dans leur banlieue n'en soient pas exclusivement favorisés, tel est le programme que s'est proposé l'heureux innovateur.

Il emploie pour cela une ingénieuse combinaison des locomotives routières avec les instruments de travail, et ces locomotives lui servent successivement pour l'extraction et pour le transport des matières au loin.

Beaucoup de procédés nouveaux ne se recommandent que par l'amélioration des services auxquels ils sont appliqués. Celui-ci n'amène pas seulement des avantages énormes pour la propreté et la célérité qu'il introduit dans le service des vidanges et le nettoiement des villes; il y apporte une économie qui réduit de moitié au moins les frais actuels d'extraction et de transport. L'agriculture profitera de ces beaux résultats; aussi ne pouvons-nous douter du bon accueil qui sera fait à ce procédé, tant par les administrations publiques que par les entrepreneurs qui dirigent ces services municipaux dans les diverses communes de l'empire.

Les petites villes comme les grandes sont appelées à jouir de ce système, le plus salubre, le plus propre et le plus économique assurément qui ait paru jusqu'à ce jour. En effet, lorsqu'une ville n'a pas à elle seule une importance suffisante pour utiliser un appareil, elle peut se réunir à une ou plusieurs autres villes voisines pour en faire les frais et en tirer parti. Le progrès profitera ainsi à ceux-là mêmes qui paraîtraient devoir en être privés, par leur éloignement des grands centres de population. On ne verra plus de pauvres ouvriers vidangeurs descendant dans les fosses d'aisance, souvent au péril de leur vie, pour y enlever, par des moyens primitifs et qui répugnent à notre civilisation, des matières qu'on laisse le plus souvent perdre uniquement sous l'empire du dégoût qu'éprouvent à les manier ceux qui les recueillent et ceux qui doivent les employer.

A. Lecomte.

Le *Journal d'agriculture progressive* a à son tour, fait connaître et approuve le même procédé. — Dans son numéro du 27 juillet écoulé, on lisait :

La vidange et le nettoiement des villes par la vapeur. — Toutes personnes que la question de la traction intéresse peuvent voir à l'Exposition du Champ-de-Mars la jolie petite locomotive routière du système Larmanjat. On remarque surtout la facilité avec laquelle cette locomotive se transforme en machine fixe et peut servir de moteur pour n'importe quelle industrie, sans qu'il soit nécessaire, pour cela, de faire aucune modification ni adjonction de mécanisme ; il suffit, en effet, pour transformer cette ingénieuse machine en moteur fixe, de la mettre sur ses petites roues, de sceller le derrière de la machine et de relever le garde-roue, de la roue que l'on veut transformer en poulie ; tout cela demande à peu près une demi-minute sans autre personnel que celui de la machine. Cette facilité de transformation a suggéré l'idée à un entrepreneur de vidanges, de donner à ces locomotives une application qui peut devenir très-féconde, tant au point de vue agricole que sous celui de l'assainissement des villes.

On commence à comprendre partout que les vidanges et les engrais ont une grande valeur et que c'est une monstruosité de les laisser perdre, lorsque l'agriculture a un si urgent besoin de matières fertilisantes. Toutefois il faut reconnaître que l'enlèvement de ces matières présente bien des inconvénients ; les unes sont dégoûtantes à manier, les autres encombrantes et d'un transport coûteux.

L'emploi des matières désinfectantes n'a pas tenu ce qu'on en espérait, non plus que la vidange atmosphérique, car, pour ce dernier moyen, on est obligé de faire le vide à l'usine, et il arrive fréquemment que, mis en communication avec la fosse, le tonneau s'emplit de gaz au lieu de matière et l'opération manque en grand, tout en nécessitant les mêmes frais que si elle eût été complète.

Par l'emploi des locomobiles à vapeur, on évitera tous ces inconvénients et, de plus, on supprimera en grande partie le personnel. Voici en quoi consiste ce procédé.

Au lieu de faire le vide des tonneaux à l'usine comme cela se pratique maintenant, on le ferait sur lieux au moyen de la machine. De cette manière on opérerait plus promptement et plus complétement ; ensuite, et pendant que les hommes d'équipe disposeraient une nouvelle vidange, la machine conduirait le tonneau hors de la ville. On opérerait ainsi toute la nuit et, le matin, la machine enlèverait un convoi de plusieurs tonneaux pour les transporter à grande distance.

Dans son numéro postérieur, celui du 21 septembre, le *Journal d'agriculture progressive* reprend la question, et examinant également du même coup la grave affaire du dépotoir de Bondy, il expose d'un côté le mal dont on se plaint avec tant de raison, et le moyen d'y remédier, par l'application des locomotives routières mises au service de la vidange.

Notre opinion isolée manquerait d'autorité pour influencer les esprits que nous voulons convaincre et entraîner par notre travail. En abritant nos observations personnelles derrière l'avis conforme d'hommes familiarisés avec ces importantes matières, nous espérons déterminer les suffrages et surtout l'adhésion active de tous. Aussi, bien que l'article dont nous parlons soit un peu long, comme il contient des renseignements précieux, nous n'hésitons pas à le reproduire. Le voici :

La Salubrité et l'Agriculture.

Le syndicat des propriétaires du Raincy nous a adressé l'exposé de ses griefs contre le dépotoir qui reçoit les vidanges de Paris. Ce travail a pour titre : *Question sur la voirie de Bondy.*

Célèbre autrefois par ses aventures tragiques, la forêt de Bondy n'est pas moins redoutée maintenant par les odeurs pestilentielles qu'elle répand sur tout le territoire voisin.

Les acquéreurs de l'ancien domaine du Raincy, après avoir fait construire de riches villas, ont vu leurs propriétés frappées d'une dépréciation qui va toujours croissant. Le séjour de cette charmante localité devient en effet, impossible pour les Parisiens qui veulent aller se reposer des agitations de la capitale. Au lieu du bon air qu'on cherche à la campagne, ils y reçoivent des émanations nauséabondes. Toutes les matières fécales de Paris arrivent, séjournent, et sont manipulées en plein air, à quelques kilomètres de leurs habitations.

Au fur et à mesure que les arbres de la forêt disparaissent pour faire place à de grandes voies, les courants empoisonnés qui partent du foyer d'infection circulent avec plus de facilité, et vont surcharger au loin l'atmosphère des miasmes les plus désagréables et les plus dangereux. Les arbres eux-mêmes sont atteints dans leur feuillage. Les poitrines humaines, doivent à plus forte raison, souffrir d'une respiration continuellement viciée.

Une population, sous le coup d'aussi graves incommodités, et menacée de tous les dangers épidémiques que comporte un semblable état de choses, a le droit de se plaindre. Les organes de la presse ont pour devoir d'appuyer ces réclamations, et nul doute que l'autorité supérieure ne se préoccupe sérieusement de trouver le moyen de mettre fin à des souffrances qui ne se sont prolongées que trop longtemps.

Dès l'année dernière, M. le préfet de la Seine écrivait aux intéressés qu'il projetait, non de *déplacer*, mais de *supprimer* le dépotoir de Bondy.

Les plaintes sont en train de remonter, paraît-il, jusqu'à l'Empereur, auquel la question est soumise par une pétition signée dans les diverses communes du réseau pestilentiel. Cette haute intervention hâtera certainement une solution favorable.

Les communes suburbaines ne sont pas, d'ailleurs, les seules menacées des suites funestes que peut avoir une si énorme concentration de matières putrides. Paris lui-même peut en souffrir indirectement. Les nouveaux abattoirs vont recevoir par le vent d'est-nord-est les gaz et les miasmes produits par le dépotoir, et assurément les viandes préparées pour l'alimentation de la capitale peuvent être singulièrement altérées par ce contact délétère.

La *Question de la voirie de Bondy* est donc une question d'hygiène de la plus haute importance.

Mais c'est aussi une question agricole digne du plus sérieux examen.

Nos lecteurs connaissent depuis longtemps les rapports intimes qui lient la propreté des villes et la richesse des campagnes.

Il n'y a plus un homme éclairé dans les questions administratives et dans les questions agronomiques qui ne connaisse cette double loi : assurer aux cités la salubrité et le bon air, et faire profiter les champs de l'agriculteur de cette immense quantité d'engrais qui s'accumule, chaque jour, dans les grands centres de population.

Du reste on n'ignore pas que nos départements agricoles les plus riches sont ceux où cette loi est scrupuleusement observée. Chez eux, on ne laisse pas perdre un atome d'engrais humain.

Malheureusement, bien que les idées aient fait de grands progrès sur cette matière, la pratique laisse énormément à désirer, dans bien des localités, et beaucoup de millions s'en vont encore à la rivière et à la mer, sous forme d'engrais négligés et perdus.

Il est temps que cette dissipation de nos meilleures richesses fertilisantes ait un terme.

En donnant une solution convenable à la *Question de la voirie de Bondy*, l'administration de la capitale peut offrir un grand exemple à toutes les contrées arriérées, et l'agriculture ne saurait jamais témoigner assez de reconnaissance de l'impulsion féconde qu'il lui appartient d'imprimer, à cette occasion, aux saines doctrines agronomiques. Noblesse oblige : la ville de Paris fera son devoir.

La capitale produit annuellement **750,000** mètres cubes de matières. — **36,000** mètres cubes seulement sont utilisés ! — **714,000** mètres sont évaporés ou conduits à la Seine et à la mer! Que de milliers de sacs de blé, que de milliers de charrettes de foin en moins dans la production des terres qui entourent la capitale. C'est la fortune de tous les départements voisins.

Qu'y a-t-il donc à faire ?

Que ces **750,000** mètres d'engrais qui empoisonnent la banlieue parisienne soient mis à la disposition de l'agriculture !

C'est plus simple à dire qu'à faire, va-t-on nous répondre. —**750,000** mètres de semblables matières ne sont pas d'un maniement commode et peu coûteux.

Faut-il donc compter pour rien les progrès de l'industrie moderne ?

Ce merveilleux agent qui a transformé nos sociétés, la vapeur, sillonne maintenant les sommets sinueux des plus hautes montagnes. Au sein de nos cités, dans nos rues, sur nos boulevards, nous voyons des locomobiles faciliter toutes sortes de travaux par leur puissante force. Le tassement des voies nouvellement ouvertes et ferrées qui coutait tant d'efforts et de temps autrefois, se fait aujourd'hui avec des locomotives spéciales dont la ville de Paris a inauguré fort ingénieusement l'emploi.

Depuis les perfectionnements qu'a amené l'Exposition, l'usage des locomotives routières est une conquête définitivement acquise. Du reste l'industrie sucrière de nos départements du nord a déjà su tirer partie de ces machines, en les appliquant aux transports de betteraves, des champs producteurs aux usines qui les consomment.

Un entrepreneur de vidanges de province, a combiné une application spéciale des locomotives routières à l'extraction des matières fécales et à leur transport. La même force enlève les matières et les conduit en pleine campagne.

La désinfection est même rendue inutile par un procédé ingénieux de combustion des gaz méphitiques.

Plus de main-d'œuvre pour pomper les liquides; plus de chevaux pour conduire les tonneaux.

Il résulte de là une énorme réduction de frais.

Enlevées à meilleur compte, transportées plus économiquement, ces matières peuvent, par cela même, être conduites à des distances plus éloignées.

Jusqu'ici, les engrais de ville, même dans les contrées qui savaient les employer, ne profitaient qu'aux agriculteurs placés dans le voisinage immédiat des cités. Ceux-ci en avaient, on peut dire, le monopole, an préjudice des possesseurs de domaines situés loin des villes.

Par l'introduction des locomotives routières, dans ce service, ce monopole n'existera plus.

Avec des machines pouvant marcher sans arrêt, et sans relais, les engrais des villes peuvent aisément être transportés à trente, quarante et même cinquante kilomètres sans entraîner des frais de transport onéreux.

En regardant la carte, on aperçoit que les villes sont disséminées de telle sorte que très-peu de pays agricoles seront privés du bénéfice de recevoir des engrais de ville dans ces conditions. Ces engrais seront mis à la portée de tous.

Il ne sera plus nécessaire de détériorer ces engrais, en les soumettant à la dessiccation, pour en diminuer le volume et le poids, et fabriquer cette poudrette qui souvent vaut si peu et donne lieu à tant d'abus, par les fraudes que facilite sa composition.

Les engrais naturels, les produits de la digestion des animaux et des hommes, prendront le dessus sur les engrais chimiques qui garderont leur rôle accessoire et complémentaire, au lieu de jouer le rôle principal, dans les usages agricoles.

On peut dire que le progrès que nous signalons dépend de la bonne volonté qu'on va mettre à l'accueillir.

L'impulsion émanée de la haute administration de la capitale peut transformer la France et ouvrir une ère de productions agricoles inespérées.

Et les propriétaires du Raincy applaudiront certainement à ce progrès qui sera leur délivrance.

A un moment où les associations financières qui basaient principalement leurs bénéfices sur la spéculation et le jeu, tombent dans un si grand discrédit auprès du public, fatigué de payer pour ceux qui se sont enrichis à ses dépens, il ne saurait manquer de se former des entreprises sérieuses qui reposeront sur la meilleure de toutes les conditions de succès, l'augmentation de la production du sol, par l'amélioration de l'hygiène. — Ce sera là la véritable industrie de l'avenir.

A. FRUITIER.

Au mois d'octobre l'emploi des locomotives routières pour la vidange passant, du domaine de l'invention et de la théorie, à l'application et à la pratique, le *Journal d'agriculture progressive*, annonce, dans son numéro du 26 octobre, la formation d'une Société qui se charge d'exploiter ce procédé.

Emploi des engrais humains. — La question des vidanges et de l'emploi des engrais humains vient de faire un grand pas et nous semble bien près d'une solution économique. En effet, une société vient de se former pour faire les vidanges *entièrement sans odeur*, et les transporter immédiatement dans un rayon de 30 à 40 kilomètres.

Voici comment on compte opérer. D'après les expériences faites avec la machine routière système Larmanjat, il sera facile de prendre deux, trois ou quatre tonneaux autoclaves contenant chacun environ 2 mètres cubes ; la machine les transportera près de la fosse à vider. Se transformant alors en machine fixe, elle fera le vide dans le tonneau au moyen d'une pompe, et l'aspiration se prolongeant jusqu'au fond de la fosse au moyen de gros tuyaux en caoutchouc, celle-ci se trouvera vidée en quelques instants. Quant aux gaz qui se dégagent pendant l'opération, ils seront conduits dans le foyer de la machine, où ils se brûleront au lieu de se répandre dans l'air, comme cela a lieu actuellement.

Comme on le voit, le nouveau système promet : célérité, salubrité et économie.

L'industrie des vidanges se rattachant essentiellement à l'agriculture, et à ce point que, dans beaucoup de localités, ce sont les agriculteurs eux-mêmes ou les jardiniers qui opèrent les vidanges, les progrès réalisés dans la culture et ceux obtenus pour la conservation, l'enlèvement et le transport des engrais sont tout à fait solidaires.

Suivant l'opinion que nous avons signalée de MM. Dumas et Liebig, l'agriculture est en arrière d'un quart de siècle, sur l'industrie. Celle-ci, depuis quelques années surtout, a fait d'étonnants progrès. On ne saurait mettre en doute qu'un des plus puissants moyens qui ait aidé l'industrie à réaliser les merveilles que nous admirons, c'est l'emploi des machines. La mécanique a multiplié indéfiniment les forces de l'homme, surtout depuis que la vapeur donne la vie à la matière et la fait se mouvoir à l'égal de la nature animée.

Dans ceux de nos départements où l'agriculture s'est mise à la tête du mouvement progressif qui doit la ramener au niveau de l'industrie, les agriculteurs n'ont pas manqué d'appeler la mécanique à leur aide, et l'Exposition nous a montré que les mécaniciens agricoles avaient noblement répondu à cet appel. Ce mouvement fécond ne saurait que gagner de plus en plus. Les hommes les plus capables dans l'agriculture proclament ce besoin et donnent l'exemple. Mais comme tout progrès rencontre fatalement des esprits rétrogrades pour le ralentir, il importe à cet égard de répandre la vérité et la lumière. Le *Journal d'agriculture progressive*, a abordé cette question avec sa supériorité ordinaire, et nous servirons la cause que nous défendrons, en faisant connaître les observations lumineuses et pleines de chaleur que nous trouvons dans son numéro du 5 octobre 1867 :

Nécessité d'employer en agriculture les instruments perfectionnés et les machines.

Si nous voulions écouter certains esprits rétrogrades nous ne verrions dans les machines qu'une œuvre infernale destinée à précipiter le monde dans une anarchique misère. Cependant les machines c'est le progrès, et le progrès c'est le développement des facultés dont Dieu, le suprême ordonnateur de l'univers, a doté la plus belle de ses créatures; le progrès, c'est la science, c'est la lumière, c'est la vérité, c'est l'épanouissement du génie de l'homme. Maudire les machines c'est donc maudire le progrès, et maudire le progrès c'est calomnier Dieu, insulter à sa sagesse, douter de sa providence, c'est nier la loi de l'humanité.

Rassurez-vous donc, braves ouvriers! Dieu ne permettra pas que le progrès, enfant du travail, nuise au bien-être général des travailleurs, trouble l'harmonie de la société. Une découverte est toujours féconde en bienfaits. D'ailleurs une invention ne s'empare pas du monde brusquement, elle s'y installe d'une manière pacifique : c'est une conquête qui s'accomplit lentement, sans secousse violente, afin de laisser aux forces qu'elle déploie dans une industrie le temps de se replier et de s'appliquer à une autre.

Si nous en sommes à faire la guerre aux machines, faisons-la non-seulement à la charrue, à la charrette, sous le prétexte que l'une a supplanté la bêche, et que l'autre fait à elle seule l'office de dix ou de cent porteurs; faisons-là non-seulement à la presse mécanique, à la machine à vapeur, mais à la presse à bras, aux caractères mobiles, qui ont remplacé les copistes du moyen âge; mais à la voile du navire qui a remplacé le travail accablant des malheureux rameurs; mais à l'aile du moulin, qui remplace l'esclave qui tournait la meule sous le fouet d'un maître cruel.

Et cependant, jusqu'ici, les inventeurs de la charrue, du chariot, de la navigation, des moulins, de l'imprimerie, avaient passé pour être des bienfaiteurs de l'humanité!

Toutes les inventions ont toujours tendu à diminuer le labeur et la peine de l'homme; c'est pour cela qu'on les a justement honorées du nom de perfectionnement. — Voudrions-nous renverser tout cela? Ce serait refouler le temps vers sa source, et la civilisation vers la barbarie. C'est alors qu'on nous accuserait, à bon droit, d'être des barbares, des ennemis de la société, des ennemis de nous-mêmes. Oui, ennemis de nous-mêmes! car nous ne serions certes pas plus heureux au milieu d'une société détruite ou entravée par nos violences, qu'au milieu d'une société en marche ou en progrès.— Croyez-vous qu'il y ait moins d'hommes occupés et gagnant leur vie aux choses de l'agriculture, du roulage et autre espèce de locomotion, depuis que la charrue et le charriot ont été perfectionnés, depuis que la calèche a remplacé la chaise à porteurs, et que le chemin de fer a remplacé la diligence ? Croyez-vous qu'il y ait moins d'hommes employés aux choses de la papeterie, de l'imprimerie, depuis que la presse mécanique a remplacé la presse à bras ? Ne croyez-vous pas qu'il en soit ainsi dans toutes les autres parties de l'industrie, telles que la filature, le tissage, la métallurgie ?

Si vous ne le croyez pas, informez-vous-en auprès des travailleurs, ou prenez des statistiques, et vous verrez si, depuis quarante ans et même depuis trente, le nombre des ouvriers n'a pas presque doublé dans ces diverses industries. — Voyez si, dans les siècles antérieurs, vous trouverez de ces énormes usines qui emploient cent et même mille ouvriers. Autrefois, un maître employait quelques apprentis, et c'était tout. Les grandes usines, les grands centres de manufactures ne sont venus que des grandes machines. Partout où une machine s'établit, elle agite le sol en quelque sorte, et si, dans de certaines choses, elle remplace dix bras, cent bras, elle en fait mouvoir mille dans d'autres.

Quant à moi, et je le dis très-haut, je voudrais même que les machines fussent multipliées au point de faire tout le travail trop pénible ou trop malsain pour l'homme ; car, en le remplaçant ainsi, loin de lui nuire, elles lui seraient utiles et l'élèveraient. Si donc j'avais un reproche à leur faire, ce ne serait pas de supprimer les bras, puisque, tout bien considéré, elles les multiplient d'une manière ou d'une autre : ce serait de les multiplier trop, ce serait d'arracher trop d'hommes aux autres travaux et aux autres carrières, pour les attirer autour des fabriques, pour les mettre à la merci du chômage et des événements, comme les fabricants eux-mêmes.

Voilà ce qui fait ma peine, et voilà ce qui m'a inspiré cet article. Car. si l'industrie nous enlève tant de bras et tant de talents, c'est qu'en somme l'industrie offre aux talents et aux bras des avantages que, dans l'état actuel des choses, nous ne saurions leur donner. — Or, qu'est-ce qui distingue surtout l'industrie de l'agriculture ? ce sont les moyens d'action, les forces mises en œuvre, les données de production. Si donc nous possédions les mêmes données, si nous disposions des mêmes moyens, et si nous appliquions les mêmes forces, il n'y aurait plus aucune raison d'abandonner nos champs pour les industries citadines. Au contraire, car le travail agricole est bien plus agréable et plus sain que celui des fabriques, des ateliers, des manufactures. Nous conserverions donc nos ouvriers, et les intelligences, qui de plus en plus nous échappent, se rallieraient à nous. Au lieu du vide des campagnes et du trop plein des villes, que tous les hommes sérieux constatent avec effroi, l'équilibre serait promptement rétabli, et tout marcherait alors selon les lois de l'harmonie.

Oui, si l'agriculture est délaissée, c'est parce que l'agriculture n'est pas au niveau actuel du génie de l'humanité, n'est pas à la hauteur des circonstances au milieu desquelles se déploie aujourd'hui l'activité sociale. Alors que l'industrie offre à ses travailleurs des salaires qui leur assurent ample et généreuse vie, l'agriculture en est toujours à ne pourvoir les siens qu'avec une parcimonie qui les plonge et les retient dans l'abîme de la misère et de la désolation. Cependant tont enchérit, et si l'on ne peut vivre au village, pourquoi voulez-vous qu'on y demeure ?

Voilà, n'en doutez pas, voilà la cause principale, la cause formidable de la désertion de nos campagnes. Car, ne vous y trompez pas, le paysan aime la terre, il l'aime avec passion, et, s'il l'abandonne, c'est la nécessité qui l'y oblige. Tous les moyens d'existence, de secours, de bien-être sont concentrés dans villes. Associations fraternelles, sociétés philantropiques de toute espèce, hôpitaux pour les malades, hospices pour les infirmes, maisons de refuge pour les vieillards, tout est là. — Ce serait un vaste sujet à traiter. Je ne le puis dans les limites d'un article. Je veux seulement aujourd'hui constater le besoin absolu où est l'agriculture de s'élever par des moyens d'action, au niveau de l'industrie.

A mesure que le peuple augmente, les vivres, dans la même proportion doivent augmenter aussi. Est-ce ce qui a lieu en France ? Je ne le pense pas. Car, si cela était, comment expliquer cette cherté croissante de toutes les denrées alimentaires, de toutes les choses nécessaires à la vie ? Cependant un sol doit et peut toujours suffire aux besoins de ses habitants, et le sol français, sous ce rapport, n'a-t-il pas été favorisé par la nature autant et plus peut-être qu'aucun autre ? C'est donc, ici, ceux qui l'exploitent qui sont en retard. Et pourquoi le sont-ils ? Est-ce qu'on ne met pas à leur disposition tous les moyens possibles du progrès ? Sans parler des engrais de toute sorte qui leur sont offerts, est-ce que le génie de la mécanique, en France, n'a pas fait des prodiges pour rendre les productions de la terre aussi économiques et aussi abondantes qu'on peut le désirer ? Eh bien alors, d'où vient cette stagnation désastreuse qui nous fait trembler chaque année sur la satisfaction de nos besoins les plus impérieux ? D'où, sinon de ce que, sauf de rares et d'autant plus honorables exceptions, on ne fait point usage de ces moyens, de ces données, de tous ces enfantements merveilleux du génie de l'homme, d'autant plus actif qu'il s'agit ici pour lui d'une question de vie ou de mort ? En effet, hormis les agriculteurs d'initiative — et Dieu sait combien ils sont en petit nombre ! — qui, au milieu de nous, emploie les instruments perfectionnés et les machines, sans lesquels il est impossible aujourd'hui de répondre aux exigences de la production ? Tout le déploiement d'agents de forces mis à la disposition de l'agriculture est donc généralement inutile. Et voilà pourquoi, avec tout ce qui pourrait nous rendre les nourriciers de l'étranger, nous en sommes toujours réduits à n'être pas même les nourriciers de nous-mêmes.

Il faut que cela change, il le faut ! Car, d'un autre côté, l'industrie n'agit que sur les produits primitivement créés par l'agriculture. Il faut donc, pour qu'il y ait équilibre prospère, harmonie féconde, que les conditions dans lesquelles s'exercent ces deux branches du travail humain, soient placées sur la même ligne. En est-il ainsi ? Certes, non ! l'industrie s'inféodant le progrès, recherche et emploie les moyens les plus perfectionnés, et, avec eux, marche à pas de géant vers l'idéal de la production, à bon marché. L'agriculture, au contraire, s'inféodant la routine, demeure dans le *statu quo*, conserve avec une opiniâtreté stupide ses agents surannés, ses procédés vieux comme Hérode, et, dès lors, ses productions ne répondant plus aux besoins, roule et se précipite dans le gouffre d'une cherté croissante. Ainsi la ligne de démarcation entre l'agriculture et l'industrie s'élargit de plus en plus. Et comme l'industrie, par suite de la liberté commerciale, est lancée dans la voie d'une concurrence terrible, comme, d'autre part, elle ne peut se développer que sur les produits que lui fournit l'agriculture, et que ces produits, insuffisants, ne lui sont abandonnés qu'à des prix évidemment en désaccord avec ses données d'existence, il en résulte tout naturellement une situation anormale, pénible, tourmentée, qui se révèle par des crises sans nombre, des ruines, des catastrophes. Et d'ailleurs, les denrées alimentaires passent avant tout. On n'achète les produits industriels qu'après s'être procuré ces éléments nécessaires de la vie matérielle. Si donc tout cela est à un prix qui absorbe et au-delà peut-être toutes les ressources du ménage, les produits industriels restent dans les magasins que bientôt ils encombrent. De là, ruine pour les patrons et chômage pour les ouvriers, avec toutes les misères individuelles et tous les périls sociaux qui en découlent.

Il est donc temps, il est grand temps que l'agriculture sorte enfin du bourbier dans lequel elle croupit. Il est temps que les cultivateurs comprennent la nécessité d'employer les instruments perfectionnés et les machines, s'ils veulent relever leur position et faire de leur état, un état vraiment honorable, une profession de bien-être, de sécurité et d'avenir. Car, et même en produisant aux taux actuels, n'est-il pas vrai qu'ils ne parviennent à vivre eux-mêmes qu'aux prix des plus rudes labeurs et des plus dures privations ? Eh bien donc, pour vous comme pour la société, cultivateurs, mes amis et mes frères, vous le voyez, la révolution que je vous indique est indispensable.

Nous voudrions que ces lignes sorties de la plume d'un agriculteur, M. A. Leroy, fussent lues par tous les agriculteurs de France. On ne saurait ni mieux penser, ni mieux dire.

On sait au reste que les deux causes qui font la supériorité de l'agriculture anglaise, c'est l'emploi des machines et l'usage abondant des engrais. Le sentiment du patriotisme et de l'émulation ne nous permettent pas de rester davantage en arrière.

Nous avons montré le rôle nécessaire de l'administration centrale et des administrations locales pour favoriser la conservation des engrais. L'action de l'état, intervenant dans le règlement des impôts peut avoir aussi une influence déterminante dans la question de l'emploi des machines en agriculture. En effet, l'aliment des machines, c'est la houille qu'on a appelée avec tant de justesse le pain de l'industrie. Ce précieux aliment peut devenir aussi le pain de l'agriculture progressive, de l'agriculture devenant industrielle, et ce pain mis à sa disposition à bon marché, lui permettra de nous donner plus abondamment le véritable pain qui nourrit l'homme.

L'agriculture est le centre d'où tout part et où tout vient aboutir. Un homme qui occupe une position éminente dans l'agriculture, dans l'industrie, dans les finances, M. Darblay, a dit avec beaucoup de raison : « Si on intitulait un livre: *De l'influence du prix de la houille sur l'agriculture française*, on crierait au paradoxe et l'on demanderait ce que la houille et l'agriculture ont à démêler ensemble. Rien assurément, si la houille reste chère comme nous le voyons presque partout, si elle coûte deux et trois fois ce qu'elle vaut sur le carreau de la mine. Mais que ce précieux combustible baisse un peu de prix, vous voyez paraître le four à chaux, point de départ du progrès agricole de nos départements de l'ouest et du centre ; que ce prix diminue encore, vous avez la machine à vapeur qui exécute économiquement les travaux de la ferme ; enfin, que la houille soit tout à fait à bon marché, vous arriverez à la distillerie, et surtout à la sucrerie de betteraves, le progrès le plus radical, la conquête la plus belle de l'agriculture française. »

La cause de la cherté de la houille, c'est la cherté des transports.

Améliorer les voies navigables, réduire ou supprimer les tarifs, pour la navigation. Là se rencontre l'action de l'État. Il pourra perdre quelque chose, par cette réduction de tarifs, avancer de l'argent dans les améliorations demandées ; mais le mouvement commercial qui sera la conséquence de ces mesures ne fera-t-il pas surgir immédiatement de larges compensations, même pour le trésor public, qui reprendra d'un côté ce qu'il aura sacrifié de l'autre ?

Tous les hommes qu'anime une sollicitude sérieuse pour les intérêts agricoles demandent ces sacrifices à l'État. L'administration peut en juger par le dépouillement de l'enquête agricole et par les réclamations qui se font entendre, de temps en temps, au Corps législatif.

L'honorable directeur du *Comptoir agricole de Seine-et-Marne* qui prouve son dévouement à l'agriculture, en faisant dans ce département ce qui ne se fait nulle autre part en France, en faisant du crédit aux agriculteurs, et en leur distribuant près de trente millions par année, M. Delbart, dans son étude sur la *Crise agricole*, signale aussi cette intervention désirable de l'Etat comme l'un des remèdes à la position.

Recherchant le moyen de donner à l'agriculture les capitaux dont elle a tant besoin, sans lesquels elle ne peut remplir sa mission de production, il se demande de quelle manière l'État peut lui venir en aide.

La part de l'État, dit-il, devrait consister :

Dans l'affranchissement des droits à l'importation de toutes les denrées ou objets nécessaires à l'agriculture et à l'industrie agricole ;

Dans la suppression des droits de navigation sur les fleuves, rivières et canaux, et le remaniement des tarifs de chemin de fer dont les prix de transport sont exorbitants sur presque tous les produits de l'agriculture et notamment *sur les houilles* dont elle fait aujourd'hui une assez grande consommation pour l'alimentation des machines à vapeur qui fonctionnent dans presque toutes les grandes exploitations ;

Dans l'abaissement des impôts autant que le permet l'état de nos finances ;

Dans la réduction des droits sur les alcools, de betterave notamment, afin d'en faciliter l'usage chez nous dans les proportions les plus grandes et de nous en permettre l'exportation ; sur la fabrication des sucres indigènes, afin d'encourager la culture de la betterave qui peut seule, en augmentant la production du blé, en diminuer le prix de revient ;

A continuer les immenses sacrifices qu'il a déjà faits pour compléter le réseau de nos voies vicinales ;

Nous avons besoin de répéter que nous ne sommes pas de ceux qui attendent tout de l'État. Nous avons foi dans l'initiative ndividuelle et l'esprit d'association. Mais, lorsqu'il s'agit d'impôts, de grands travaux, de lois et de règlements généraux, il faut bien que, avec toutes les intelligences éclairées et amies du progrès, nous demandions à l'État et aux autorités administratives la part de concours qui, par sa nature, échappe à l'action des particuliers.

Rentrant dans notre sujet plus spécial, après avoir développé les moyens offerts par l'industrie moderne, nous n'hésiterons donc pas à dire à l'administration de la ville de Paris, au nom de la salubrité comme de l'agriculture et des besoins d'un peuple qui réclame sa subsistance dans une mesure suffisante et à bon marché : vous ne devez pas laisser perdre les masses énormes d'engrais que produit la capitale ; vous ne devez ni les rejeter dans le fleuve, ni les laisser se consumer et s'évaporer dans ce cloaque pestilentiel que n'abritent plus les arbres arrachés de la forêt de Bondy et qui menacent de toutes sortes d'épidémies une population de deux millions d'âmes ; aidez par de sages règlements et par votre protection, aidez l'industrie à prendre toutes ces richesses jusqu'ici méconnues et repoussées, et à les mettre directement aux mains de l'agriculture qui vous les rendra sous la forme d'une alimentation abondante et à bas prix.

La ville doit trouver dans ses propres archives des précédents et des enseignements qu'il est temps de mettre à profit.

Tous ceux qui veulent étudier à fond ces graves questions doivent feuilleter patiemment un recueil où elles se trouvent successivement traitées par les hommes les plus forts. Ce recueil est intitulé : *Annales d'hygiène publique.*

Dans le tome 14, contenant les travaux de l'année 1860,

page 97, se trouve un mémoire de M. A. Chevalier ayant ce titre : *Essai sur la possibilité de recueillir les matières fécales, les eaux vannes, les urines de Paris, avec utilité pour la salubrité et avantage pour la ville et pour l'agriculture.*

L'honorable écrivain met son travail sous l'égide de ce principe :

Enlever les matières fécales, sans qu'il y ait insalubrité, les utiliser ainsi que les urines en les faisant servir à l'amélioration de notre agriculture, ce serait rendre un grand service, non-seulement aux populations, mais encore au pays.

M. Chevalier s'élève contre le mode de diriger les matières dans les égouts, au détriment de la salubrité et de l'agriculture.

Il rappelle les exemples des Flandres, de l'Alsace, du Dauphiné, etc.

Suivant M. Chevalier, les villes doivent retirer un profit des matières, au lieu de faire des dépenses à leur occasion. Il en indique la possibilité. — Ces matières formant une richesse réelle, les villes peuvent obtenir des entrepreneurs qui les enlèvent des subventions en échange de règlements protecteurs de leur industrie.

Il estime qu'on peut supprimer le dépotoir de Paris, par l'usage combiné de tonneaux enlevant la vidange aux fosses, et de bateaux dans lesquels elle serait déchargée, sur la Seine ou dans le canal.

Par les voies navigables, tous les engrais, dit-il, pourraient être mis à la disposition des agriculteurs, dans un rayon de vingt à trente lieues autour de Paris. Ces dépotoirs mobiles n'exigeant pas le déplacement à de grandes distances, il y aurait économie de temps et d'argent pour les cultivateurs.

Il en résulterait de plus un grand avantage pour les Compagnies qui s'occupent de vidanges, car la célérité du transvasement permettrait une réduction notable, dans les frais d'exploitation, en diminuant le nombre des chevaux et des ouvriers employés à ce travail.

Comme on a la facilité de faire stationner ces bateaux à proximité des quartiers où se font les vidanges, on voit que l'on pourrait réduire les chevaux nécessaires à cette opération dans une proportion de **100** à **25**. On voit quelle est l'économie qui résulterait de ce mode de faire, si l'on ajoute à cette économie celle de la réduction du personnel. Il y aurait moins de dépense et augmentation de bénéfices.

Les bateaux pouvant jauger **140** mètres, les frais ne s'élèveront jamais à plus de **2** francs par mètre pour un parcours de dix-huit à vingt lieues. Or, quand les cultivateurs se seront rendu compte et auront reconnu la valeur de cet engrais, ils ne se refuseront plus de le payer **4** et **5** francs le mètre, et son usage s'étendant, le prix sera susceptible de s'élever. Nous savons que la valeur de cet engrais comparée pratiquement à celle du fumier peut être portée à un prix plus élevé.

L'emploi des vidanges à l'état naturel se propage de plus en plus dans l'agriculture.

En 1840, l'usage des engrais liquides était inconnu en Alsace. Le prix s'est élevé successivement à 4, 5 et 6 francs le mètre. Auparavant, on les perdait.

On emploie d'ordinaire 26 mètres par hectare. On produit le double de ce qu'on produisait auparavant dans ce pays.

Ces liquides n'agissent pas seulement par l'azote qu'ils contiennent, mais par quelque autre principe aidant à la fertilisation.

La quantité à employer varie suivant les saisons; ainsi, un hectare de blé qui, au mois de janvier, nécessite 26 mètres cubes, n'en exige plus que 16 au mois de mars. — Il faut herser après avoir répandu l'engrais.

Un sol léger et sablonneux demande moins d'engrais.

Il nous est impossible de suivre M. Chevalier dans tous les détails curieux et instructifs qu'il a patiemment réunis et qu'il communique à ses collègues du conseil d'hygiène. Nous ne fesons pas un traité. Nous indiquons les points culminants d'une étude que le devoir de l'administration est d'aborder et d'approfondir sans délai.

Dès 1852, M. Chevalier proposait aux chemins de fer d'organiser l'exportation hors Paris des engrais de la capitale. Si ce transport n'offrait pas, par lui-même, des avantages et présentait même des inconvénients, par contre il devait, en favorisant le développement de l'agriculture sur les lignes parcourues, multiplier la production et accroître ainsi considérablement l'ensemble du trafic.

Un honorable constructeur mécanicien, M. Gargan, a disposé des wagons spéciaux, des wagons citernes pour le transport des matières fécales liquides. Il a créé une entreprise pour propager l'emploi de ces liquides. Des difficultés sans nombre, ont empêché cette affaire de prendre le développement qu'elle mérite; mais ces généreux efforts ne doivent pas être perdus.

L'application nouvelle des locomotives routières à la vidange, au nettoiement complet des villes fera, il faut l'espérer, marcher une bonne fois cette question, l'une des plus importantes de notre temps.

Il est curieux de se rendre compte de la réduction énorme de frais qu'amènerait l'emploi de ces locomotives :

Les entrepreneurs de vidange, faisant le service à la pompe font, par équipe, les dépenses suivantes:

5 hommes d'équipe recevant une paye fixe de 5 fr...	25 »»
Indemnité au chef d'équipe chargé de certaines fournitures..............................	1 25
Indemnité de 50 centimes par mètre donnée aux hommes d'équipe, au delà d'un nombre déterminé.	15 »»

Frais de désinfection........................	15 »»
10 charretiers à 5 francs....................	50 »»
14 chevaux : nourriture et frais divers, 6 fr. l'un...	84 »»
Indemnité pour les voyages supplémentaires faits par les charretiers........................	15 »»
Total....	205 25

Avec cette énorme dépense, l'équipe enlève environ 30 mètres par nuit.

Par l'emploi des locomotives routières, on pourrait opérer les réductions suivantes :

3 hommes de l'équipe........................	15 »»
L'indemnité de ces hommes....................	10 »»
La désinfection..............................	15 »»
12 chevaux...................................	72 »»
9 charretiers................................	45 »»
L'indemnité des voyages supplémentaires de ces charretiers..................................	9 »»
Réduction totale...	171 »»

Les conducteurs de la locomotive, le charbon consommé par elle, les divers frais qu'elle occasionnerait s'élèveraient-ils à 75 francs, ce qui serait le *maximum*, qu'il y aurait toujours une réduction effective de 100 francs par équipe, en chiffres ronds, réduction de moitié sur le service actuel.

Par le mode en vigueur, les matières sont conduites au dépotoir de La Villette, et de là elles sont rejetées à Bondy, où la plus forte portion se perd.

Les locomotives routières pourraient ou les décharger en Seine, suivant le système examiné par M. Chevalier, ou les conduire directement chez les agriculteurs dans un rayon éloigné de Paris, emportant le jour ce qui aurait été extrait pendant la nuit.

Dans tous les cas, une équipe, fonctionnant avec une locomotive, dépensant moitié moins qu'une équipe à la pompe, enlèverait certainement beaucoup plus de matières et les conduirait beaucoup plus loin. Les équipes à la pompe enlèvent en effet 30 mètres par nuit, au plus, et le total de l'extraction parisienne s'engloutit dans l'impassse infect de Bondy.

Le capital mis par les entrepreneurs en chevaux serait à peu près le même appliqué en acquisition de locomotives, et il y aurait de moins les chances de mortalité.

La substitution d'un système à l'autre serait donc très-avantageuse.

Entré dans cette voie de réforme, l'administration de la ville de Paris sentirait inévitablement le besoin de modifier son service d'enlèvement des immondices, dans lequel des économies analogues seraient réalisables.

A tous ces avantages, la ville pourrait ajouter la libre disposition des terrains consacrés aujourd'hui aux dépotoirs de la Villette et de Bondy, ce qui pourrait faire rentrer plusieurs millions dans ses caisses, en amenant en outre une plus value dans tous les terrains voisins de ces dépotoirs.

Les autres cités de France qni ont imité Paris dans ses dépenses de luxe le suivraient dans ces réformes sages et fécondes, et la production générale du pays recevrait une puissante impulsion.

Les développements que nous avons dû donner à la part de l'administration dans la transformation proposée, laissent peu de place aux réflexions spéciales à adresser aux financiers et aux agriculteurs.

Les raisons à soumettre aux uns comme aux autres se confondent avec celles que nous désirerions être prises en considération par le gouvernement et les autorités administratives. Les démonstrations faites pour nos gouvernants doivent servir pour la finance et l'agriculture.

La finance veut utiliser avantageusement ses capitaux. Y parviendra-t-elle, avec ses anciens errements de spéculation ? Ce n'est pas probable. La force des choses l'entraine donc vers des spéculations agricoles, alors même que le sentiment du devoir et des services à rendre au pays la laisserait indifférente.

Quant à l'agriculture, si l'administration et la finance se déterminent à lui venir en aide, évidemment elle ne doit demander qu'à suivre ce mouvement régénérateur. Une seule chose est essentielle pour elle, c'est de secouer l'esprit de routine qui a été, jusqu'à ce jour, son plus mortel ennemi.

Que les financiers comme les agriculteurs tournent leurs regards de l'autre côté de la Manche.

En Angleterre, on veut féconder jusques aux sables qui bordent la Tamise, comme nous l'avons vu.

En France, nous avons d'immenses territoires prêts à être cultivés dans des conditions autrement faciles et favorables. — Les essais déjà tentés en Sologne, dans les Landes, dans les plaines de la Crau, en Provence, dans les Dombes, dans la Double du Périgord ne sont-ils pas faits pour encourager de nouveaux efforts?

L'Exposition a fait voir à tous les yeux les merveilles de l'industrie et tout ce que le progrès de la science et des arts met à la disposition de nos agriculteurs. Mais combien d'entre eux, combien aussi d'administrateurs et de financiers ignorent les transformations tout aussi saisissantes que le génie industriel joint à la patience agricole ont réalisé sur des points éloignés et presque perdus de la France! Il nous a été donné de visiter en détail un de ces pays, sorti comme d'une création nouvelle, enseveli qu'il était il y a peu d'années, dans les marécages du département d'Indre-et-Loire. Avec quelques enfants détachés de la grande et belle colonie pénitentiaire de Mettray, M. Cail a fait, d'un étang encore marqué sur les cartes, ce beau domaine de la Briche de 1,200 hectares, qui lui produit des récoltes de tout genre. Au surplus nos plus riches plaines d'aujourd'hui n'ont-elles pas été autrefois des sites sauvages? Et sans remonter dans le passé, ne voit-on pas, chaque jour, dans la Bretagne, dans le Dauphiné, dans les Dombes, des terres désolées et malsaines devenir fécondes et productives sous la main courageuse de quelques centaines de moines laboureurs?

Ces exemples, s'ils étaient mieux connus, devraient tenter à la fois l'avidité des financiers et le courage des agriculteurs.

Si les chefs de l'agriculture, aidés par le crédit, entraient énergiquement dans cette voie de progrès et de salut, l'administration s'empresserait certainement de mettre à leur disposition les jeunes détenus qui, d'après le vœu de la loi, devraient être tous consacrés aux travaux agricoles. Leur santé et leur moral y gagneraient. Cette mesure dont S. M. l'Impératrice a prouvé l'importance par sa noble initiative de 1865, aiderait d'ailleurs à ramener des bras dans les campagnes, tandis que les colonies industrielles contribuent au contraire à diriger ces enfants vers les villes; car comment resteraient-ils dans les campagnes pour y exercer les métiers qu'on leur apprend et qui ne peuvent être fructueux qu'au sein des populations agglomérées?

Il y a à se demander, en outre, si à part les jeunes détenus, on ne pourrait pas trouver une autre catégorie de prisonniers qu'il conviendrait de séparer des repris de justice les plus mauvais, les plus dangereux, et qu'on pourrait occuper aux travaux des champs, au lieu de les laisser se pervertir dans les maisons centrales. Avec les moyens dont dispose aujourd'hui l'administration, les dangers d'évasion peuvent être aisément écartés, surtout en restreignant cette faveur à des détenus de choix.

Sans ces ressources jusqu'ici étrangères à son action, l'agriculture a fait dans le passé, et elle opère dans le présent, sur certains points favorisés, les plus grandes choses. Encore des efforts de la part de tous, et elle reprendra sa juste place à côté de l'industrie.

Jusqu'à ce jour, elle a été surtont privée de l'un des moyens de fertilisationles plus puissants, la ressource des *engrais perdus*.

Qu'aux travaux déjà faits, on ajoute une application complète des engrais perdus, à Paris, pour la Sologne, à Marseille, pour les vastes plaines qui forment le littoral du Rhône, à Bordeaux pour les Landes, et l'esprit de spéculation et d'entreprise verra s'ouvrir devant lui un immense horizon de travaux et de bénéfices certains. Nous ne pouvons à la fin de ce rapide écrit que poser la question aux hommes plus compétents, disposant de moyens d'examen plus complets, les pressant de l'examiner avec soin; ils se convaincront qu'il y a la fortune du pays à renouveler et de grandes fortunes privées à établir sur cette formule simple, mais féconde: *la mise en valeur des terres incultes au moyen des engrais perdus*

Paris. — Imp. Paul Dupont, 45, rue de Grenelle-Saint-Honoré.

www.ingramcontent.com/pod-product-compliance
Ingram Content Group UK Ltd.
Pitfield, Milton Keynes, MK11 3LW, UK
UKHW022118260726
13993UKWH00003B/1091

9 782329 414386